一款紙型100%活用＆
365天穿不膩！

快樂裁縫
我的百搭款手作服

一款紙型100％活用＆365天穿不膩！

快樂裁縫
我的百搭款手作服

pattern ▶ **A** 坦克背心型 **B** 細肩帶背心型 **C** T字罩衫型 **D** 長版外套型 **E** 立領型

introduction

簡約的衣服百搭不膩，相當方便。

一樣的款式，只要換個布料，一整年都能穿，這點相當吸引人。

本書介紹可簡單製作的11種實用版型A至K，

及如何利用這些基本型延伸出各種變化，

像是增減長度，或拿掉袖子等，

P.23的直線縫裙子更不需要用到紙型。

因為變換方式簡單，任何人都能輕鬆上手，隨布料自由變化。

請活用單一紙型充分享受手作的美！

▶ 關於本書作品的尺寸與紙型 ◀

●書中介紹的作品，可以使用書中的原寸紙型製作（直線縫作品除外）。
請參閱P.33的使用方法，將原寸紙型複寫至其他紙上後使用。

●原寸紙型有S・M・L三種尺寸。
在縫製變化款時，請參考作法說明調整紙型。

▶ staff ◀

執行編輯／和田尚子　坪明美
作法校閱／北脇美秋
攝影（人物）／原田拳（AQUA DRAGON LLC）
攝影（靜物）／腰塚良彥
妝髮／三輪昌子
模特兒／花衣
書籍設計／鈴木直子
作法繪圖／たけうちみわ（trifle-biz）
紙型放版／長谷川綾子

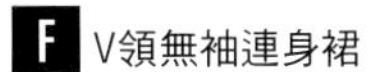

G 寬褲

J 交叉V領型

Contents

1

pattern ▶ A 坦克背心型

前短後長坦克背心

與夏日相輝映的可愛黃色格紋坦克背心。
前短後長的下襬，像是要遮住臀部，
穿起來很安心呢！

作法 P.36

布料…COSMO TEXTILE（AY215-102）
製作…小林かおり

褲子…P.25作品24　涼鞋…DIANA（DIANA銀座本店）

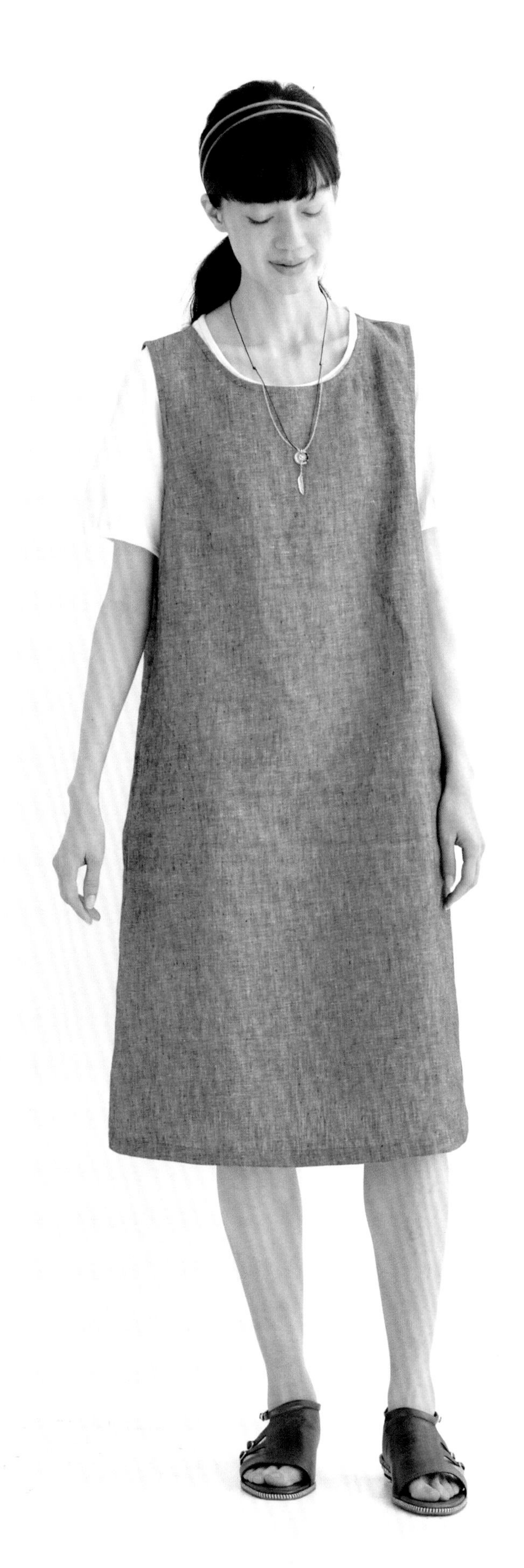

2

pattern ▶ A 坦克背心型

坦克背心型連身裙

加長作品1的衣身長度，變成連身裙。
可以當背心裙內搭T恤，
遇上炎熱季節單穿也OK。

作法 P.38

布料…布料のお店 solpano
製作…小林かおり

T恤…DO!FAMILY原宿本店　項鍊…MDM
涼鞋…from the door:102（CARNET）

3·4

pattern ▶ A坦克背心型・H吊帶褲

背心&寬褲套裝

以麂皮絨縫製的套裝。
背心與P.2作品1，
褲子與P.25作品24的布料不同，
一換成秋冬布料，
就賦予同款式的衣服不同的感覺。

作法 P.40

布料…ヨーロッパ服地のひでき
製作…小林かおり

T恤…cepo　帽子…F.I.S　項鍊…Aleksia Nao（imac）
襪子…靴下屋／Tabio

作品3穿搭範例

作品3的背心配上格紋裙，
洋溢經典氛圍。
領口大小剛好，
內搭襯衫也很速配。

5

pattern ▶ B 細肩帶背心型

圓點印花
細肩帶背心

可以和T恤或坦克背心
重疊穿搭的細肩帶背心。
前後片相同，
裁縫新手也能簡單縫製。

作 法 P.42

布料…COSMO TEXTILE（AP003-IF）
製作…太田順子

裙子 …cepo

6

pattern ▶ B 細肩帶背心型

亮麗印花
細肩帶背心裙

作品5的加長版，
美麗的手繪風印花圖案被襯托得更出色。
雙層棉紗的柔軟觸感也很有魅力。

作 法 P.42

布料…kokka
製作…太田順子

坦克背心…DO!FAMILY原宿本店　牛仔褲…cepo

7·8

pattern ▶ B 細肩帶背心型 · G 寬褲

All-in-One 風格套裝

上下身使用同一塊布，將背心紮進寬褲內，
看起來就像All-in-One的連身褲。
使用同塊布的腰間綁繩，為美麗加分。

作法 P.44

布料…COSMO TEXTILE（AD2678-300）
製作…太田順子

襪子…靴下屋／Tabio　鞋子…DIANA（DIANA銀座本店）

7·8穿搭範例

細肩帶背心內搭套頭衫也OK，
展露自然休閒感。

項鍊…MDM　襪子…靴下屋／Tabio
鞋子…DIANA（DIANA銀座本店）

將7・8換成加皺sheeting布。
厚度適中，一年四季都能派上用場。
穿搭短袖T恤就是夏日裝扮。

T恤…DO!FAMILY原宿本店

9

pattern ▶ C T字罩衫型

直條紋連身裙

清爽的亞麻直條紋連身裙，
舒適剪裁是魅力所在。
可繫上同塊布製作的綁繩。
若不繫綁繩，穿著起來更涼快。

作法 P.46

布料…清原
製作…吉田みか子

帽子…F.I.S

10

pattern ▶ C T字罩衫型

蕾絲罩衫

纖細蕾絲製作的法國袖罩衫。
搭配蓬鬆的裙子，洋溢女人味。
下半身搭褲子的休閒穿法也頗推薦。

作法 P.46

布料…ヨーロッパ服地のひでき
製作…吉田みか子

耳環…MDM　鞋子…POE（CARNET）

11

pattern ▶ C T字罩衫型

垂肩罩衫

形狀有如T字的寬鬆罩衫。
穿上後，袖襱接線會下垂並變寬，
注入目前的流行元素。
湛藍×白色的格紋，
散發大人可愛感。

作法 P.48

布料…COSMO TEXTILE（AY45101-3）
製作…吉田みか子

side style

牛仔褲…cepo

項鍊…MDM
涼鞋…Binoche（CARNET）

12

pattern ▶ C T字罩衫型

垂肩連身裙

作品11直接往下延伸成連身裙，
布料換成質地有微妙變化的美麗紅色亞麻，
單穿或加上內搭都適合。

作法 P.48

布料…kokka
製作…吉田みか子

入秋的穿搭。
只要將穿戴小物換成深色，就能感受秋意。

項鍊…imac
襪子…靴下屋／Tabio

13

14

13·14

pattern ▶ C T字罩衫型 · I 裙

罩衫＆裙套裝

罩衫是作品11的包袖款，
裙子則與作品25同款不同布料。
罩衫紮進裙內，看起來像連身裙的穿法，
給人端莊又漂亮的印象。

作法 P.50

布料…ヨーロッパ服地のひでき
製作…吉田みか子

耳環…imac　襪子…靴下屋／Tabio　鞋子…DIANA（DIANA銀座本店）

13·14穿搭範例

罩衫不紮進裙內，穿出帥氣感。
上下拆開成單品，
能有效搭配，非常便利。

耳環…imac　襪子…靴下屋／Tabio　鞋子…DIANA（DIANA銀座本店）

15

pattern ▶ D 長版外套型

長版外套

類似日本羽織的長版外套。
與衣身相連的杜爾曼袖，
作法比看起來的簡單。
簡約款式使具穿透感的格紋更為明顯，
營造時尚氛圍。

作法 P.52

布料…kokka
製作…渋澤富砂幸

項鍊…imac　涼鞋…DIANA（DIANA銀座本店）

16

pattern ▶ D 長版外套型

時尚長背心

拿掉作品15的袖子，
改成流行的長背心。
選用黑色的雙層棉紗，
打造出觸感柔細，
線條帥氣的感覺。

作 法 P.58

布料…コットンこばやし
製作…渋澤富砂幸

項鍊…MDM　鞋子…TALANTON by DIANA（DIANA銀座本店）

17

pattern ▶ E 立領型

立領
寬鬆罩衫

領口大小剛好，
領型優美的立領罩衫。
清爽的圓點印花青年布，
任何人穿起來都能留下好印象。

作法 P.60

布料…ヨーロッパ服地のひでき
製作…渋澤富砂幸

裙子 …cepo　胸針…imac

18

pattern ▶ E 立領型

立領 寬鬆連身裙

出色的小碎花印花布連身洋裝，
為作品17的加長版。
若是配上高領的內搭，
在寒冷的季節一樣實穿。

作法 P.60

布料…ヨーロッパ服地のひでき
製作…渋澤富砂幸

與衣身相連的杜爾曼袖。

耳環…imac

19

pattern ▶ F V領無袖連身裙

簡約V領
無袖連身裙

款式簡單的浪漫花朵圖案V領無袖連身裙。
不會太寬大的俐落剪裁，
容易穿脫，是很適合夏天的實穿單品。

作法 P.62

布料…コットンこばやし（Cotton Kobayashi）
製作…加藤容子

T恤…DO!FAMILY原宿本店

20

pattern ▶ F V領無袖連身裙

褶襉V領
無袖連身裙

可愛的設計，於腰間剪接並加入
褶襉的無袖連身裙。
使用法蘭絨起毛的溫暖布料。

作法 P.64

布料…布料のお店 solpano
製作…加藤容子

帽子… F.I.S　襪子…靴下屋/Tabio　鞋子…DIANA（DIANA銀座本店）

21

pattern ▶ G 寬褲

鬆緊帶寬褲

脇線未裁開，
由左右兩片布縫製的簡單寬褲。
也因為簡單，
突顯了深藍×生成色的先染格紋。

作法 ▶ P.66

布料…ヨーロッパ服地のひでき
製作…太田順子

帽子…F.I.S

22

no pattern ▸直線縫裙

直線縫圍裹裙

穿上後以腰間的綁繩打結固定的圍裹裙，
不需紙型，僅用一片長方形的布片即可完成。
在布上直接畫線裁剪，作法很簡單。

作法 P.68

布料…清原
製作…金丸かほり

T恤…cepo　襪子…Tabio

23

pattern ▶ H 吊帶褲

吊帶寬褲

直線條的鉛筆紋吊帶寬褲，
飄散中性氣息。
吊帶可以取下，
便能穿出兩種不同風格。

作法 P.55

布料…服地のアライ
製作…小林かおり

back style

襯衫…cepo　帽子…F.I.S　襪子…Tabio
鞋子…DIANA（DIANA銀座本店）

24

pattern ▶ H 吊帶褲

七分寬褲

縮短作品23的褲長，
並換成棉麻斜織布的清爽白色寬褲。
強調出雙腳最細的腳踝部分，
看起來簡潔俐落。

作 法 P.55

布料…清原
製作…小林かおり

帽子…F.I.S　領巾…cepo　鞋子…DIANA（DIANA銀座本店）

25

pattern ▶ I 裙

鬆緊帶細褶裙

簡單的鬆緊帶裙，突顯了天空、
枝葉間灑落的陽光、小鳥圖案的清新印花。
稍粗的鬆緊帶是4cm 。

作法 P.70

布料…kokka
製作…渋澤富砂幸

26

pattern ▶ I 裙

鬆緊帶褶襉裙

前後各有三條箱形褶襉的裙子。
因為使用薄布料，顯得軟柔又輕盈。

作法 P.72

布料…清原
製作…渋澤富砂幸

開襟衫・T恤…DO！FAMILY原宿本店　襪子…靴下屋／Tabio
鞋子…TALANTON by DIANA（DIANA銀座本店）

27

pattern ▸ J 交叉V領型

交叉V領
連身裙

像是以布將胸前包起來的交叉V領連身裙。
只要變換內搭，四季都能派上用場。
本款使用柔軟的六盎司丹寧布。

作法 P.78

布料…Yuzawaya
製作…金丸かほり

back style

綁繩置於背後，變成可愛的重點裝飾。

項鍊…MDM

28

pattern ▶ J 交叉V領型

交叉V領
連身裙

與作品27同款，
布料更換成棉與嫘縈混紡的viyella布，
以灰色為基底的小紋圖案更顯優雅柔和。

作法 P.78

布料…ヨーロッパ服地のひでき
製作…金丸かほり

耳環…MDM　襪子…靴下屋／Tabio　鞋子…CARNET DE VOYAGE（CARNET）

29

pattern ▶ K 襯衫型

附綁繩
長版襯衫

亞麻青年布的基本型長版襯衫。
檸檬黃給人清爽的印象。
如果當成外套來穿，
綁繩可繞在背後打結。

作法 P.74

布料…布料のお店 solpano
鈕釦…熊谷商事
製作…金丸かほり

褲子…cepo　項鍊…MDM
涼鞋…DIANA（DIANA銀座本店）

29穿搭範例

綁繩繞腰圍一圈在前面打結，當連身裙穿也很好看。

back style

綁繩置於背後打結。

30

pattern ▶ K 襯衫型

胸前附口袋
襯衫外套

作品29的縮短版襯衫外套。
散發輕快印象的設計，
與運動風的山核桃木紋素材感很合拍。

作法 P.74

布料…岩瀨商店
鈕釦…熊谷商事
製作…金丸かほり

T恤…cepo　褲子…DO！FAMILY原宿本店

原寸紙型的使用方法

1 剪下原寸紙型

◆沿裁切線剪下原寸紙型。
◆確認想要製作的作品編號的紙型，是以何種線條表示及分成幾片。

2 複寫到其他紙上

◆將紙型複寫到其他紙張上使用。方法有以下兩種：

複寫至不透明紙上

紙型置於不透明紙上，
複寫紙夾入兩者之間，
接著以軟式點線器在紙型的線條上按壓複印。

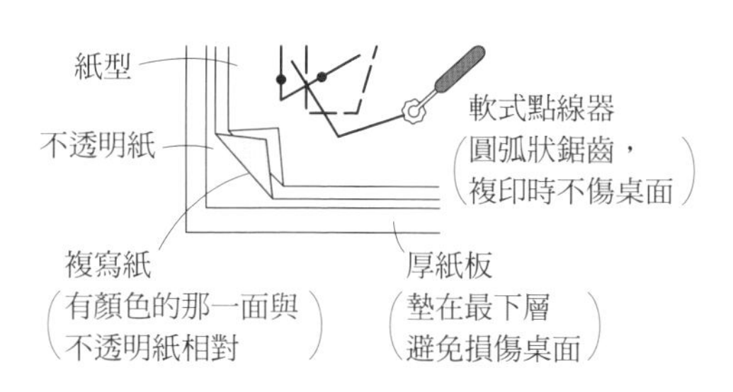

複寫至透明紙上

將透明紙（描圖紙等）置於紙型上方，
以鉛筆描圖。

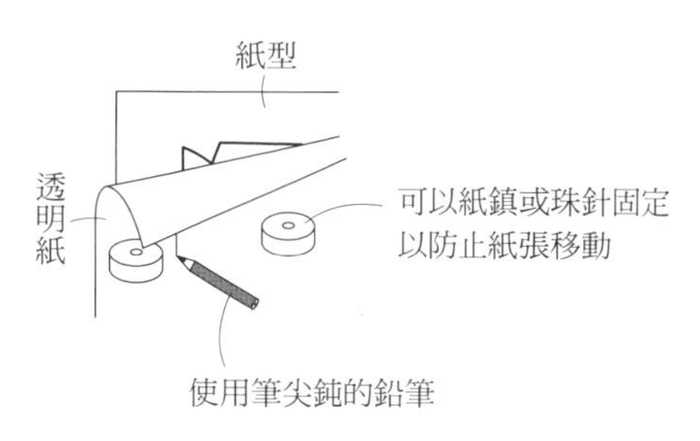

【複寫紙型的注意事項】

●合印記號、接縫位置、開口止點、布紋（直向）等記得也要一併複寫，同時標明各部件的名稱。

3 加上縫份後裁剪紙型

◆紙型並未加上縫份，請依作法中的指示加上縫份。

【加上縫份的注意事項】

●縫合處的縫份原則上是同寬度。
●與完成線平行的加上縫份。
●延長後要加縫份時，在複寫紙型的紙上預留空白，縫份反摺後剪下，避免縫份不足（參照範例）。
●依布料的材質（厚度、伸縮性）以及開口位置（後中心、前中心等）的縫製方法等加上不同寬度的縫份。

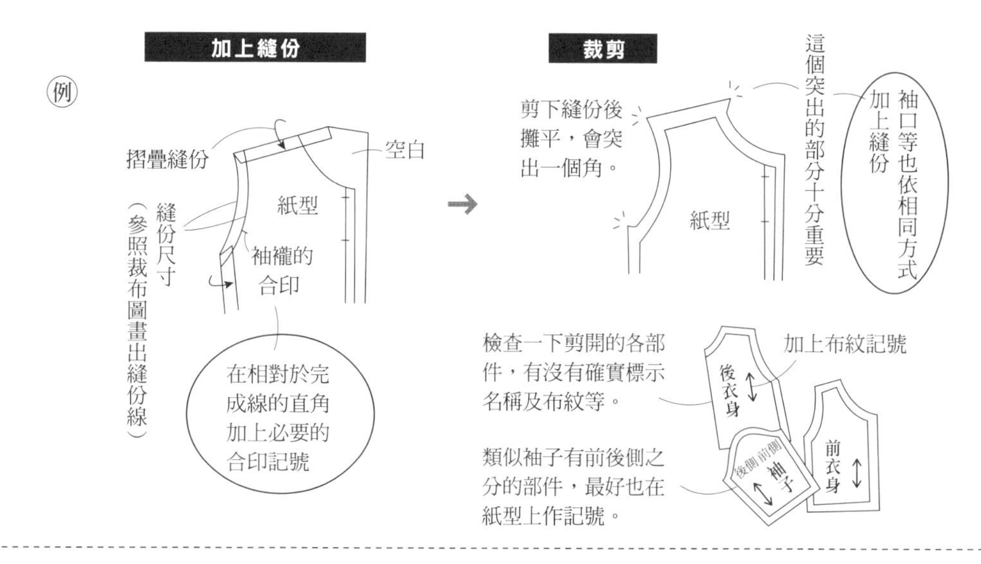

4 在布上配置紙型後裁下

●將紙型放在布上。一邊注意布的摺法、紙型的布紋方向（直向）等，一邊配置所需紙型，接著在布固定不動下進行裁剪。

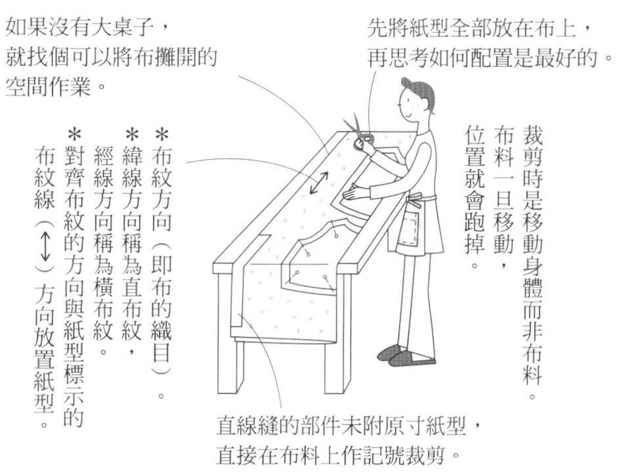

開始縫製之前

女裝尺寸參考表（裸身尺寸）

部位＼尺寸		S	M	L
周圍尺寸	胸圍	78	82	88
	腰圍	62	66	70
	臀圍	88	90	94
長度	背長	37	38	39
	腰長	18	20	21
	股上長	25	26	27
	股下長	62	65	68
	袖長	51	52	53
	身長	153	158	163

（單位為cm）

製圖記號

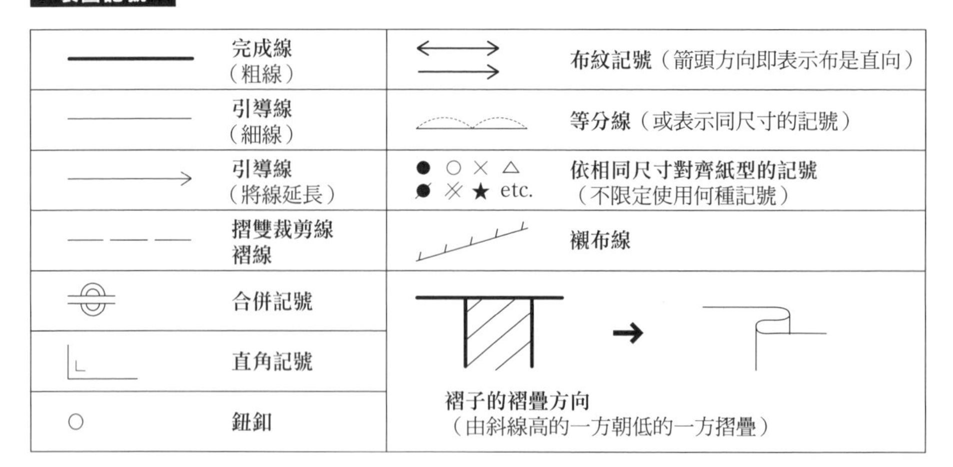

看懂裁布圖

本書的原寸紙型不包含縫份，請依作法中的裁布圖，製作加上縫份的紙型（參見P.33），再依此裁布。

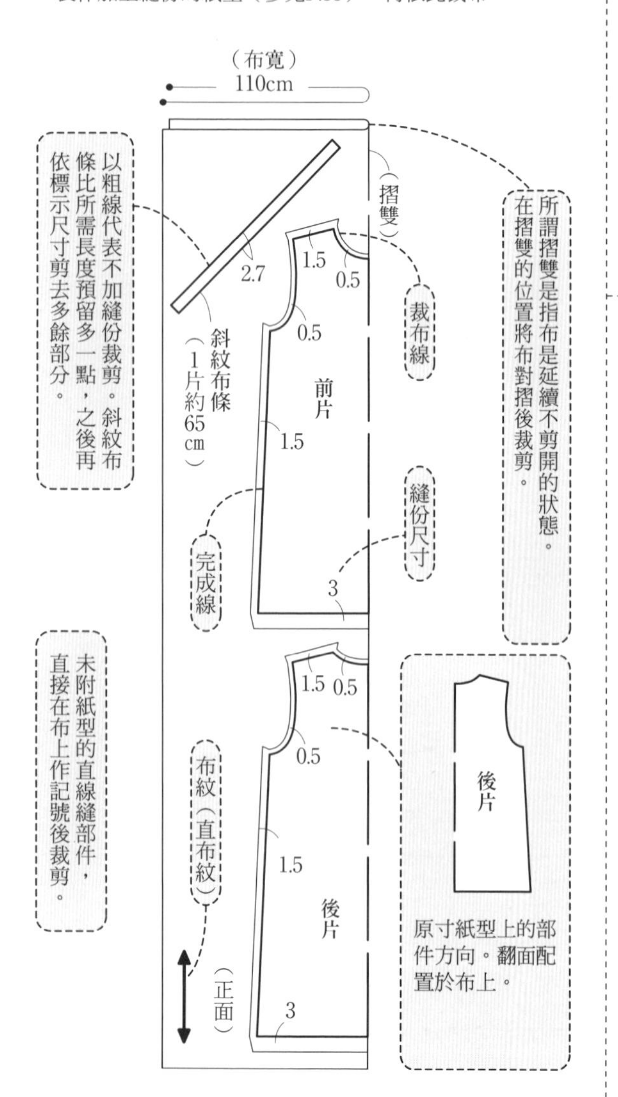

布紋的方向

直布紋…織布時的緯線方向。與布邊平行。

橫布紋…織布時的經線方向。與布寬平行。

斜布紋…與直布紋成45°，伸縮性最好，領圍或袖襱等部位常使用斜紋布條收邊。

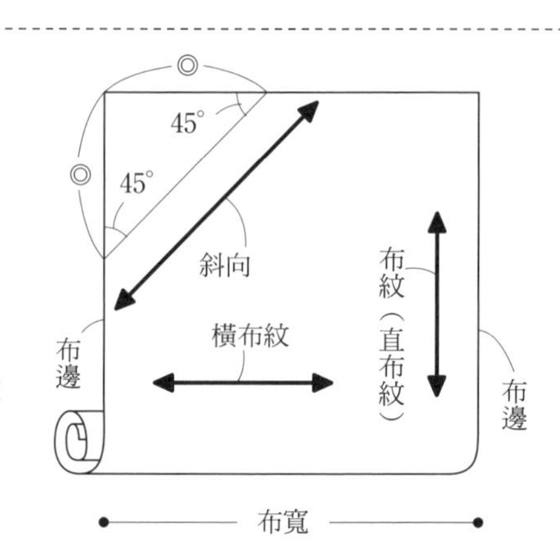

作記號的方法

兩片一起裁開時

在布之間（背面）夾入雙面複寫紙，以軟式滾線器描畫完成線。別忘了加上合印與接縫口袋的位置。

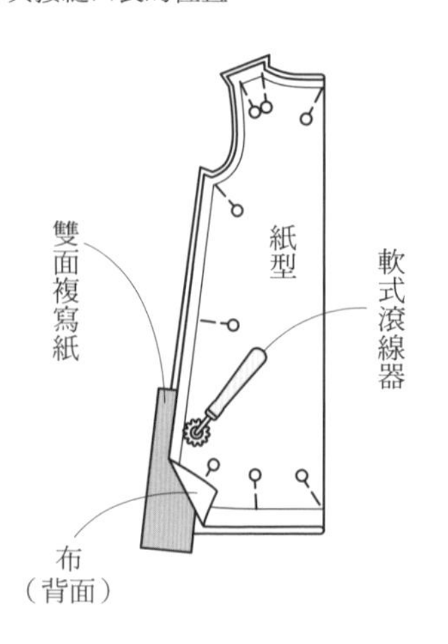

單片裁開時

布的背面與複寫紙有顏色的那一面相對，以軟式滾線器描畫完成線。

黏著襯的貼法

不滑動熨斗，而是以按壓方式，每次重疊一半，不留空隙的熨燙。

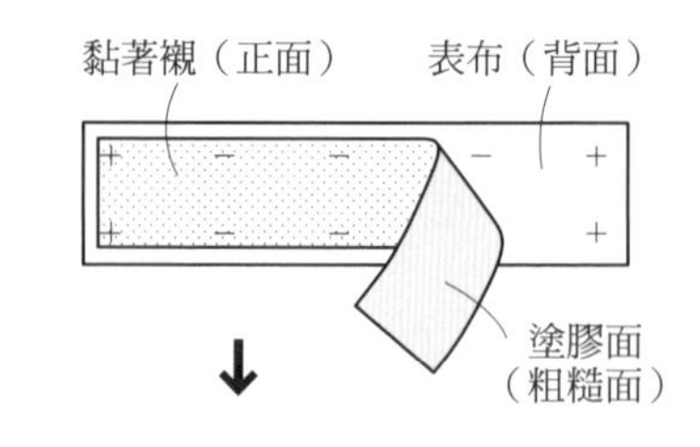

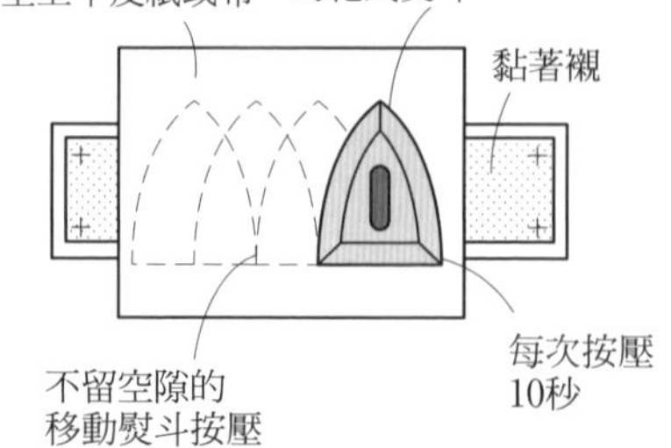

※黏著襯的使用量是記載最低限度尺寸。

車縫

始縫與止縫都進行回針縫，防止綻線。回針縫是於同一針腳上重覆縫二至三次。

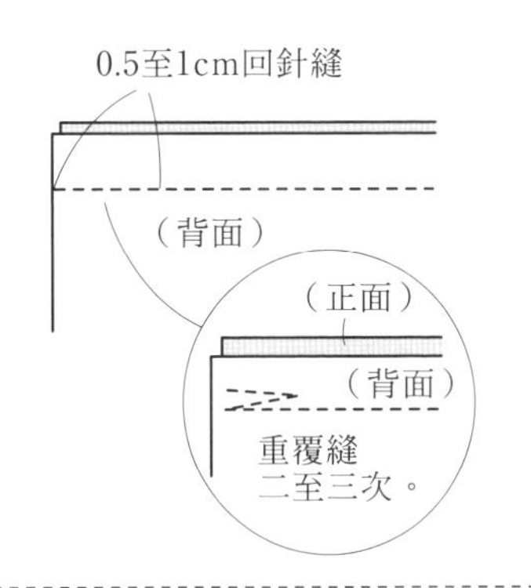

◆邊角的縫法

縫至跟前的一針時，維持針刺入的狀態將壓布腳抬起，旋轉布。

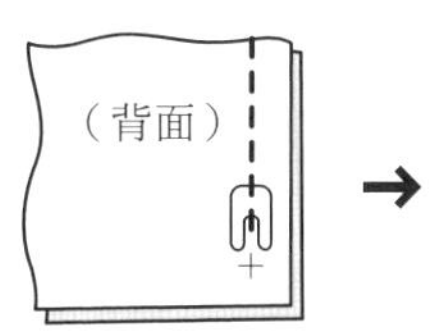

邊角若跳過一針不縫，翻至正面時會出現漂亮的角。

放下壓布腳，斜縫一針

維持針刺入的狀態將壓布腳抬起，旋轉布。

製作斜紋布條

＊斜紋布條的裁剪寬度＝完成寬度×2＋0.1至0.5cm（伸縮份）。

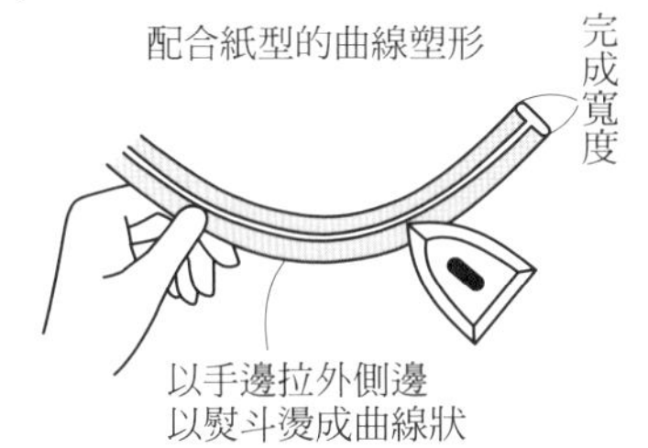

以斜紋布條收邊的方法

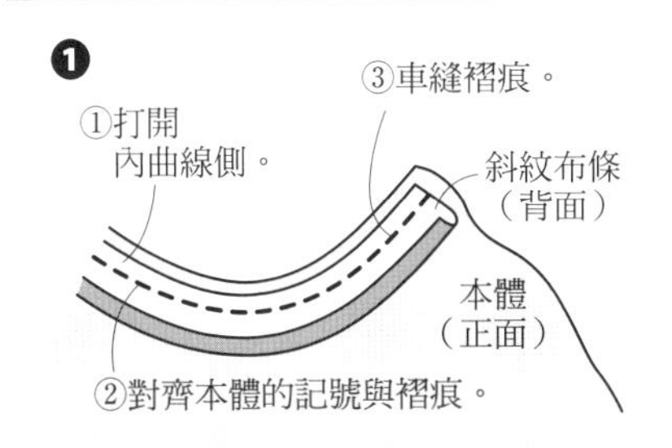

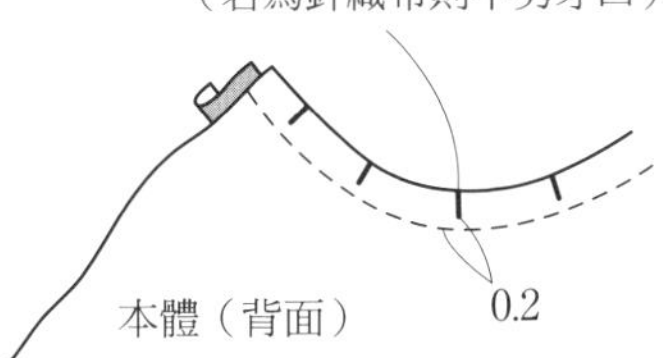

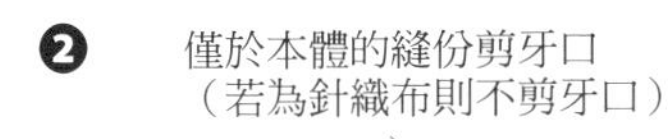

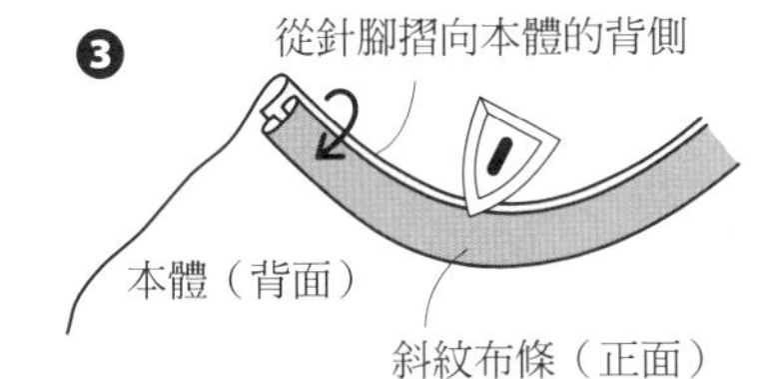

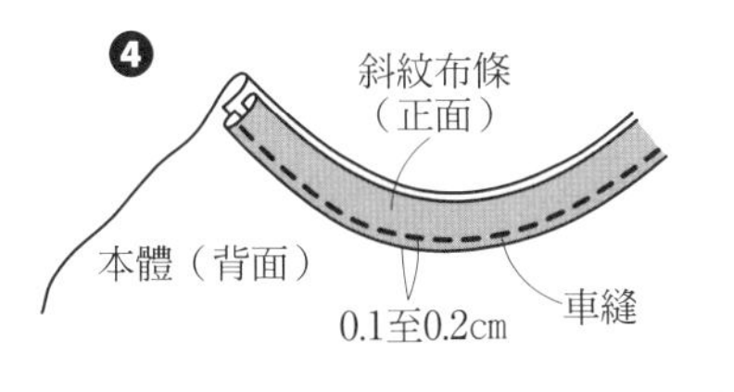

斜紋布條・滾邊布的接合方式

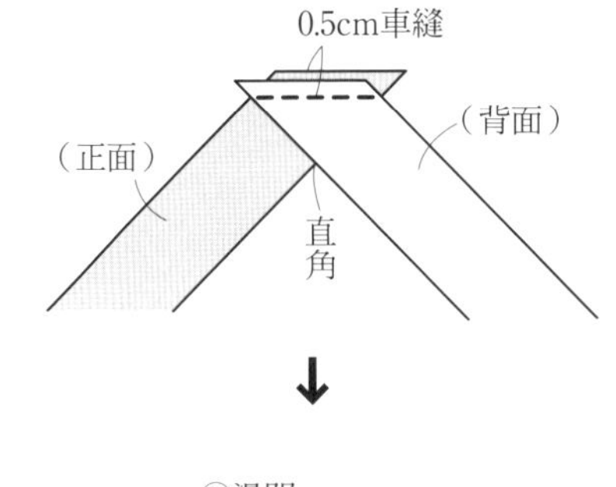

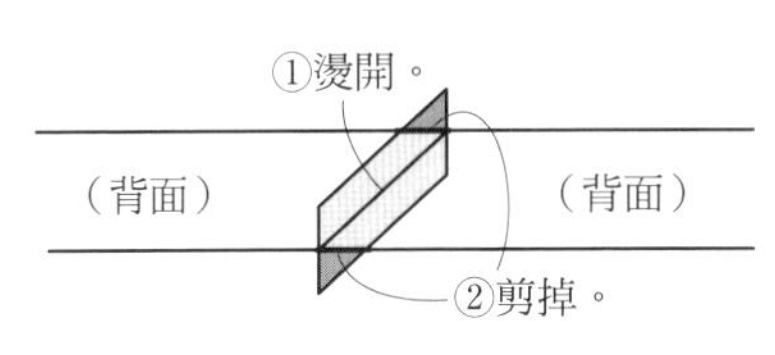

藏針縫

◆摺疊Z字形車縫的寬度進行藏針縫（直針繚縫）

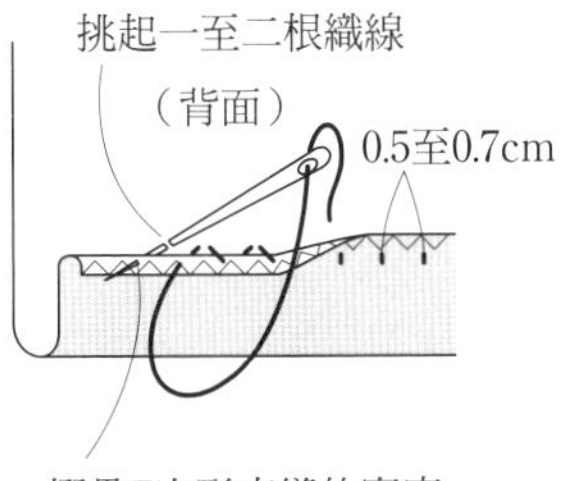

◆摺疊縫份進行藏針縫（一般藏針縫）

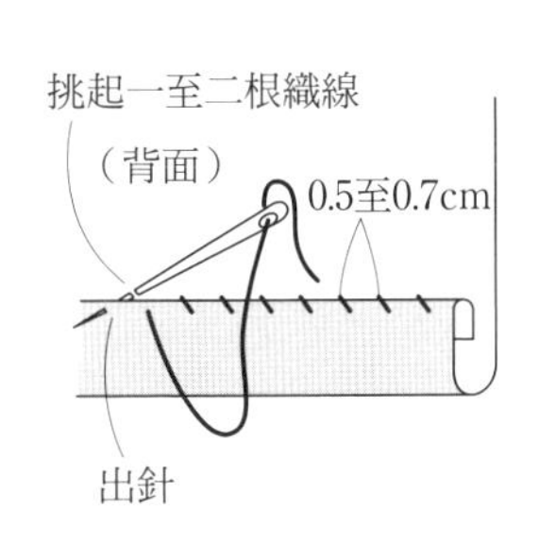

完成線尺寸的標示

◆連身裙
◆罩衫

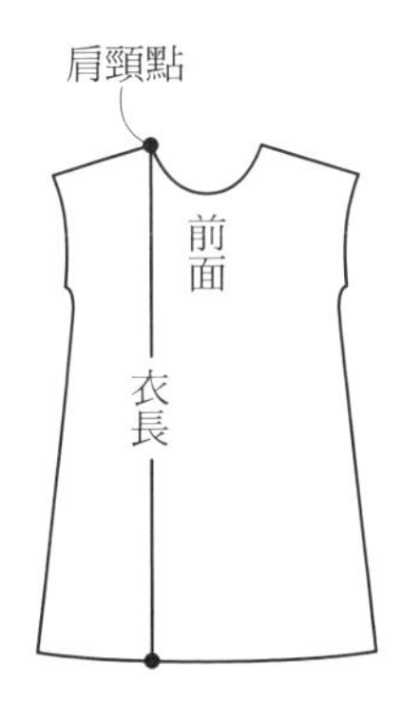

◆細肩帶背心裙

◆裙子

◆褲子

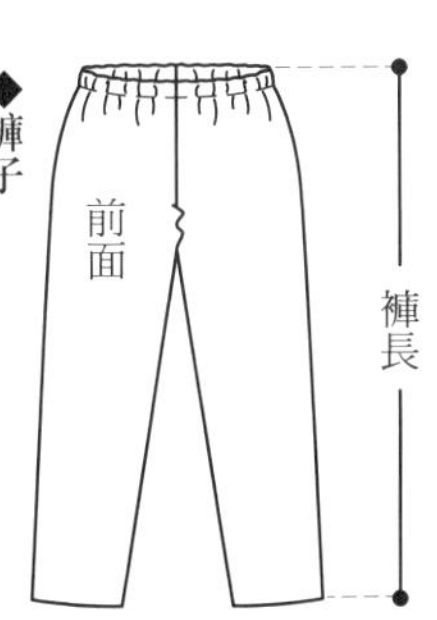

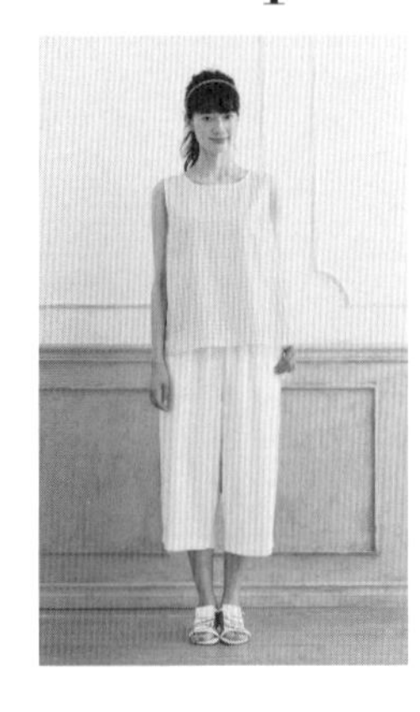

材料 尺寸	S	M	L
表布（棉格紋） 寬90cm	170cm	170cm	180cm
完成尺寸 總長	56.8cm	60cm	62.2cm

3段數字：
S尺寸
M尺寸
L尺寸
只有1個數字表示3種尺寸通用

關於紙型

◆**原寸紙型**：使用A面A。
◆**使用部件**：前／後片
＊斜紋布條為直線縫，直接在布上作記號後裁剪。

＝紙型A

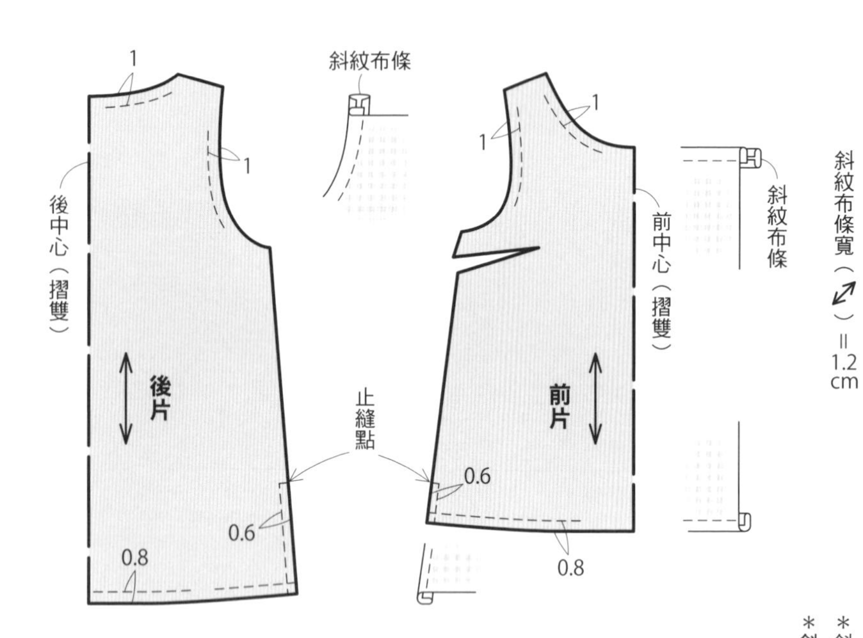

製作順序

表布的裁布圖

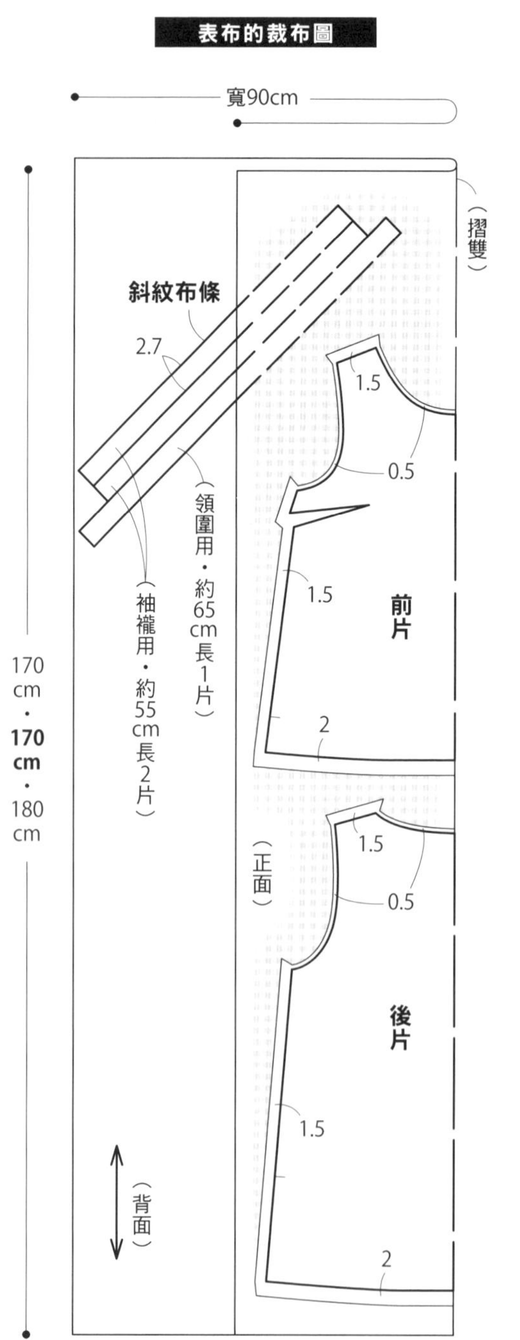

作法 ◆**前置作業**◆於裁切端進行Z字形車縫。（肩線・脇線）

1 車縫尖褶

2 車縫肩線

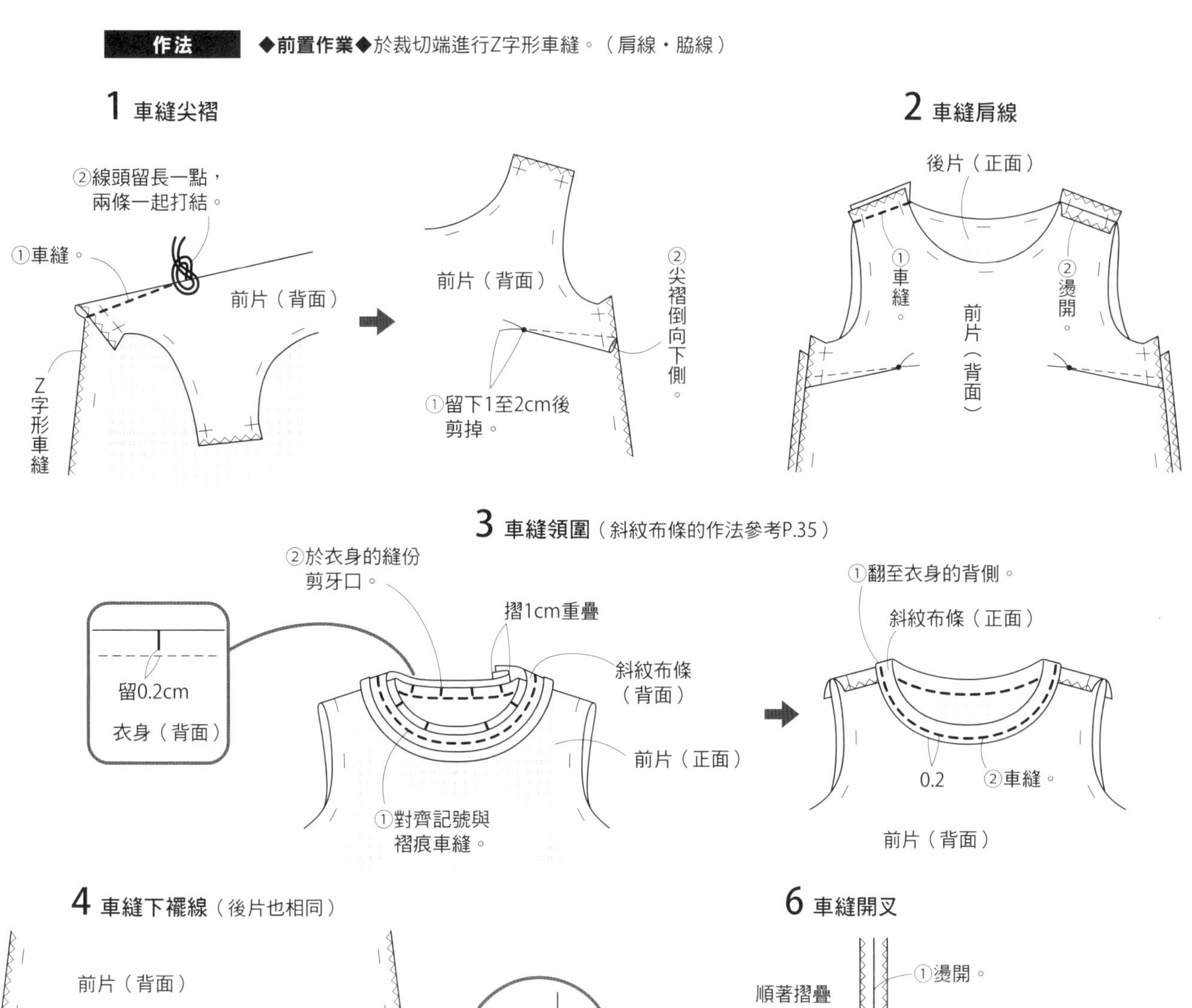

4 車縫下襬線（後片也相同）

6 車縫開叉

5 車縫脇線

7 車縫袖襱

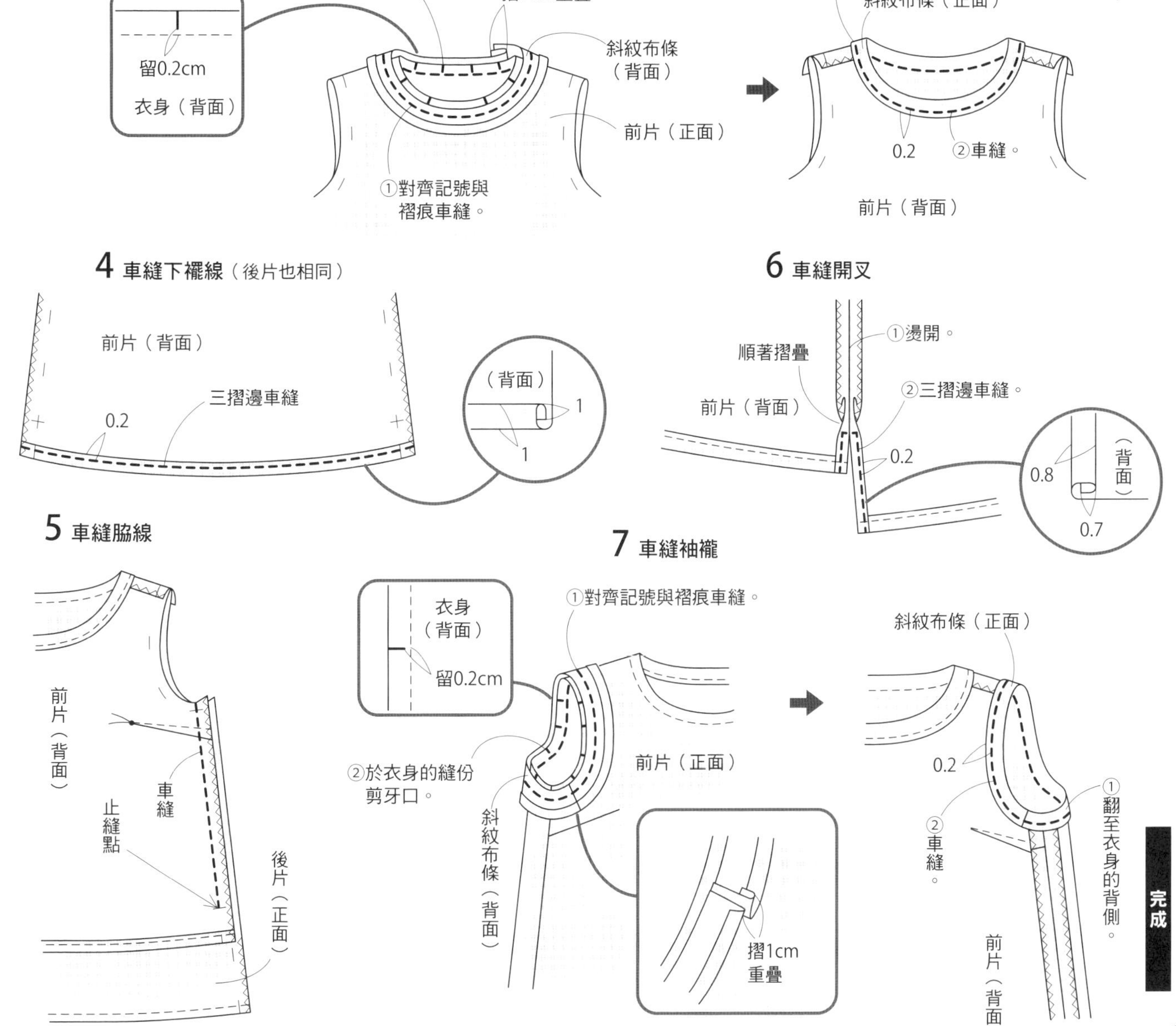

P.3 2

材料　　　　　　　　　　　　　尺寸	S	M	L
表布（亞麻青年布）　寬144cm	210cm	220cm	230cm
黏著襯（日本vilene・FV-2）　寬5cm	20cm	20cm	20cm
完成尺寸　總長	92.8cm	97cm	100.2cm

3段數字：
S尺寸
M尺寸
L尺寸
只有1個數字表示3種尺寸通用

關於紙型

◆原寸紙型：應用A面**A**。

◆使用部件：前／後片

＊斜紋布條為直線縫部件，直接在布上作記號後裁剪。

◆紙型修改方式

＊加長衣身的長度。

＊在脇線加上口袋位置，口袋布製圖。

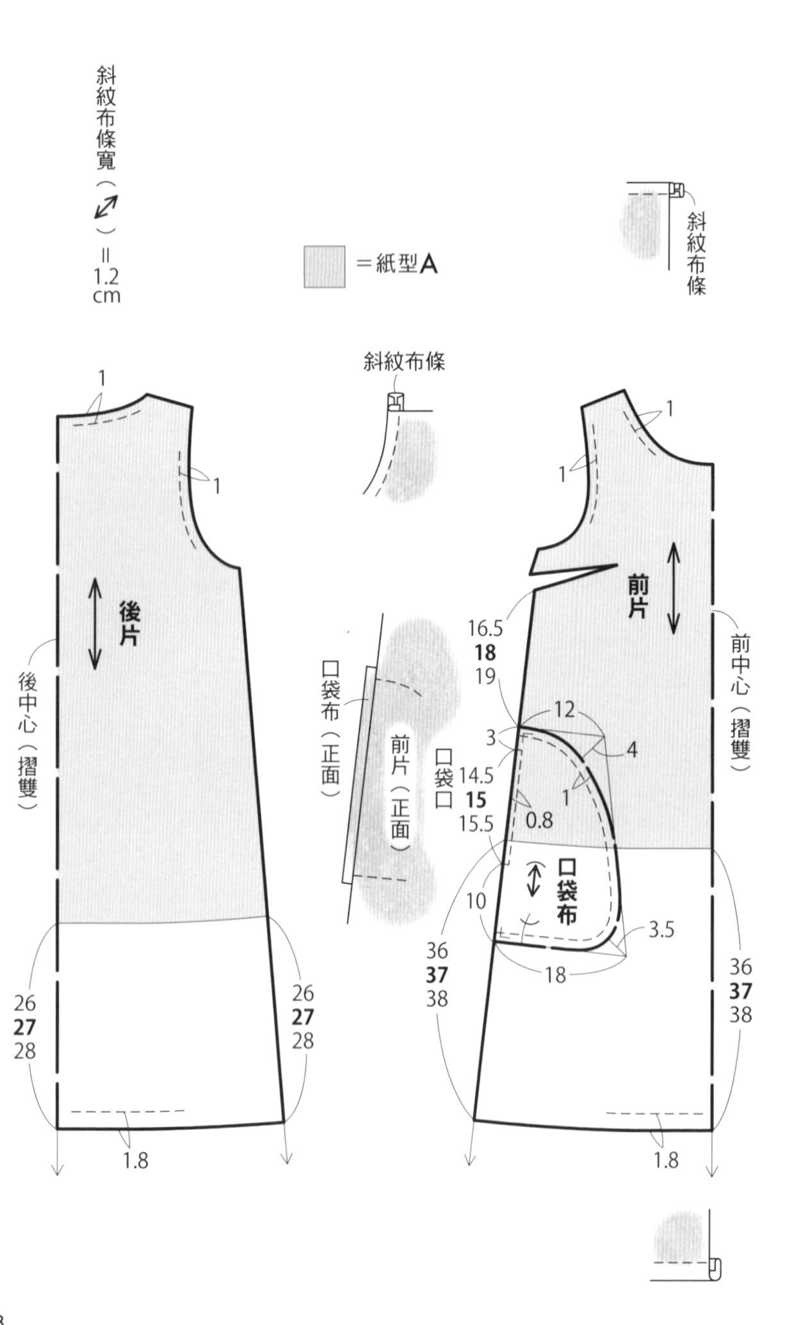

＊斜紋布條預留長一點，再依標示尺寸剪去多餘部分。

＊斜紋布條的裁剪寬度＝完成寬度×2＋0.1至0.5（伸縮份）

表布的裁布圖

寬144cm

210cm・**220cm**・230cm

（摺雙）

斜紋布條

2.7

（袖襱用・約55cm長2片）

（領圍用・約65cm長1片）

前片

後片

口袋布

1.5

0.5

3

0

（正面）

製作順序

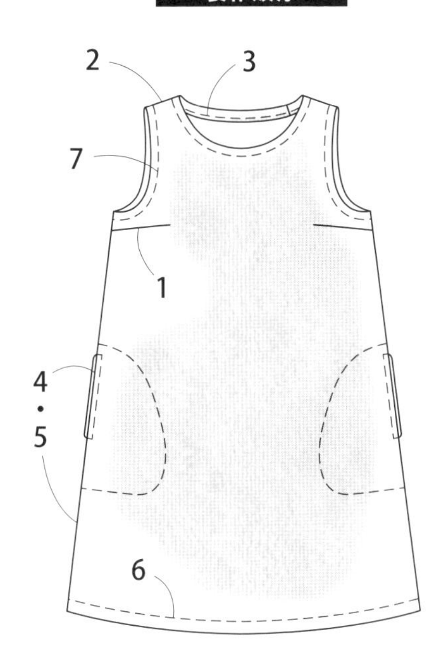

作法

◆前置作業◆①貼上黏著襯（口袋口）
②於裁切端進行Z字形車縫（肩線・脇線・口袋布）

＊黏著襯的貼法＊

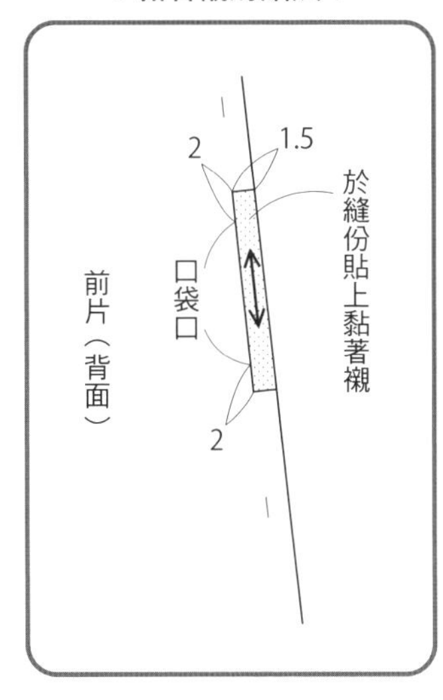

◆作法1至3參照P.37。

1 車縫尖褶　**2** 車縫肩線
3 車縫領圍

4 於後脇線接縫口袋布

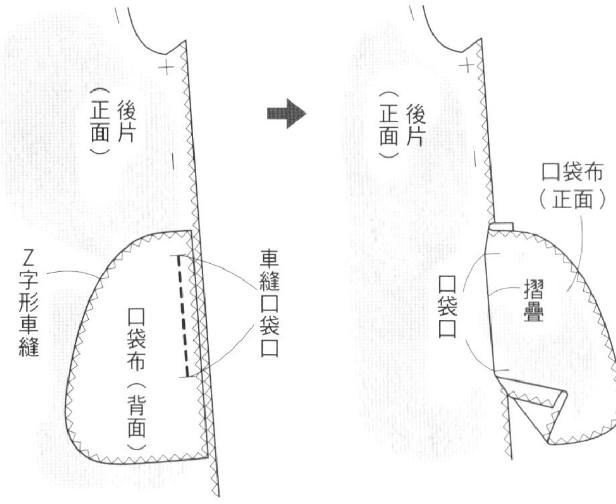

5 車縫脇線並將口袋布縫固定於前片

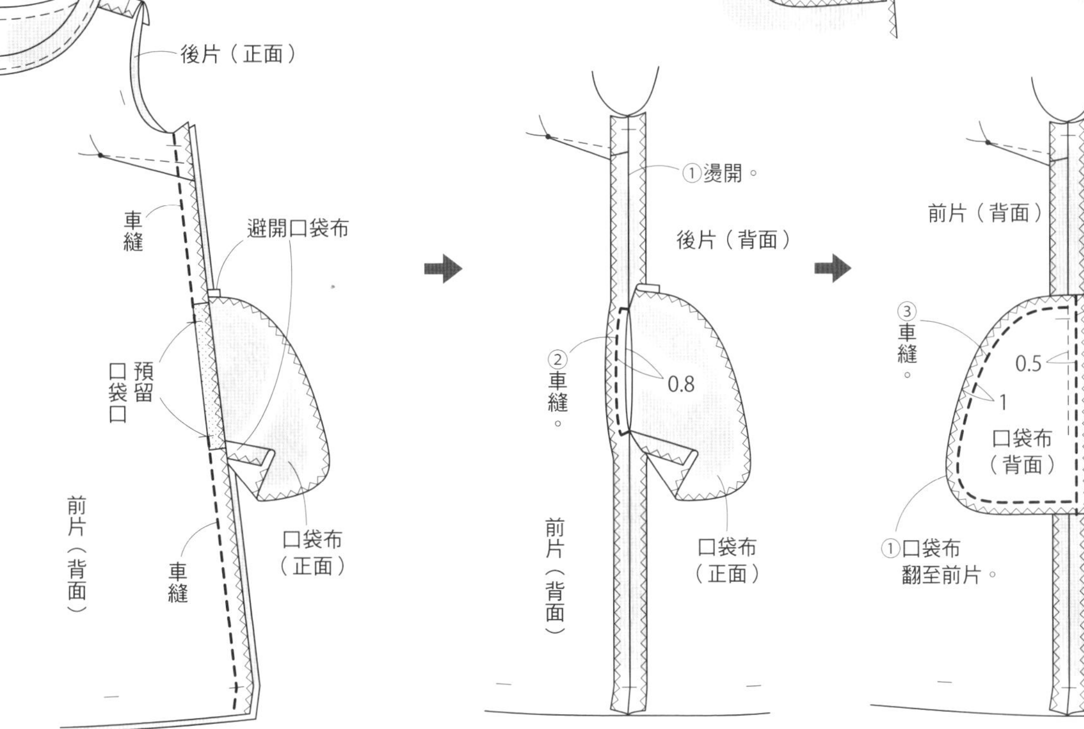

6 車縫下襬線

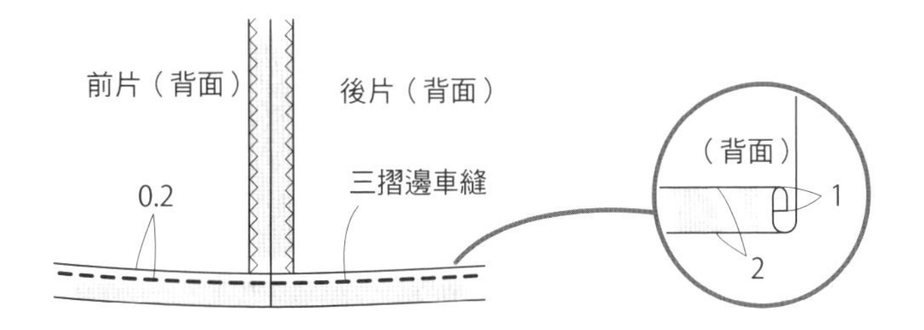

7 車縫袖襱（參照P.37）

完成

P.4 3・4

材料　　尺寸	S	M	L
表布（麂皮絨）　寬110cm	330cm	340cm	350cm
鬆緊帶　寬30mm	75cm	80cm	85cm
完成尺寸　衣長	56.8cm	60cm	62.2cm
褲長	73.5cm	76.5cm	79.5cm

3段數字：
S尺寸
M尺寸
L尺寸
只有1個數字表示3種尺寸通用

關於紙型

◆**原寸紙型**：**背心**使用A面**A**，**褲子**應用A面**H**。

◆**使用部件**：**背心**是前／後片，**褲子**是前褲管／後褲管／腰帶／脇布／口袋布

＊斜紋布條為直線縫，直接在布上作記號後裁剪。

◆**紙型修改方式**

＊**背心**直接使用紙型。

＊**褲子**是縮減褲長。

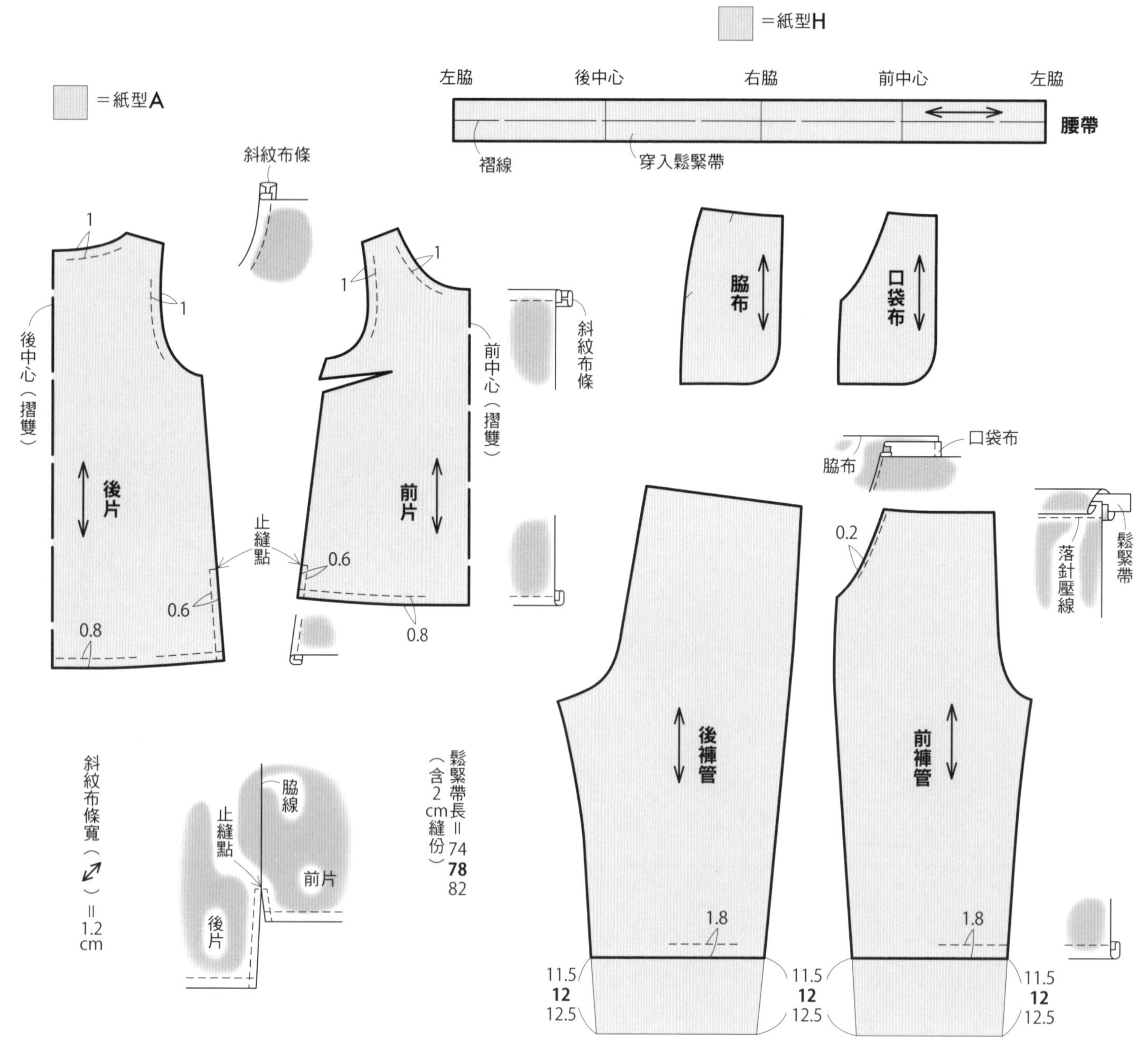

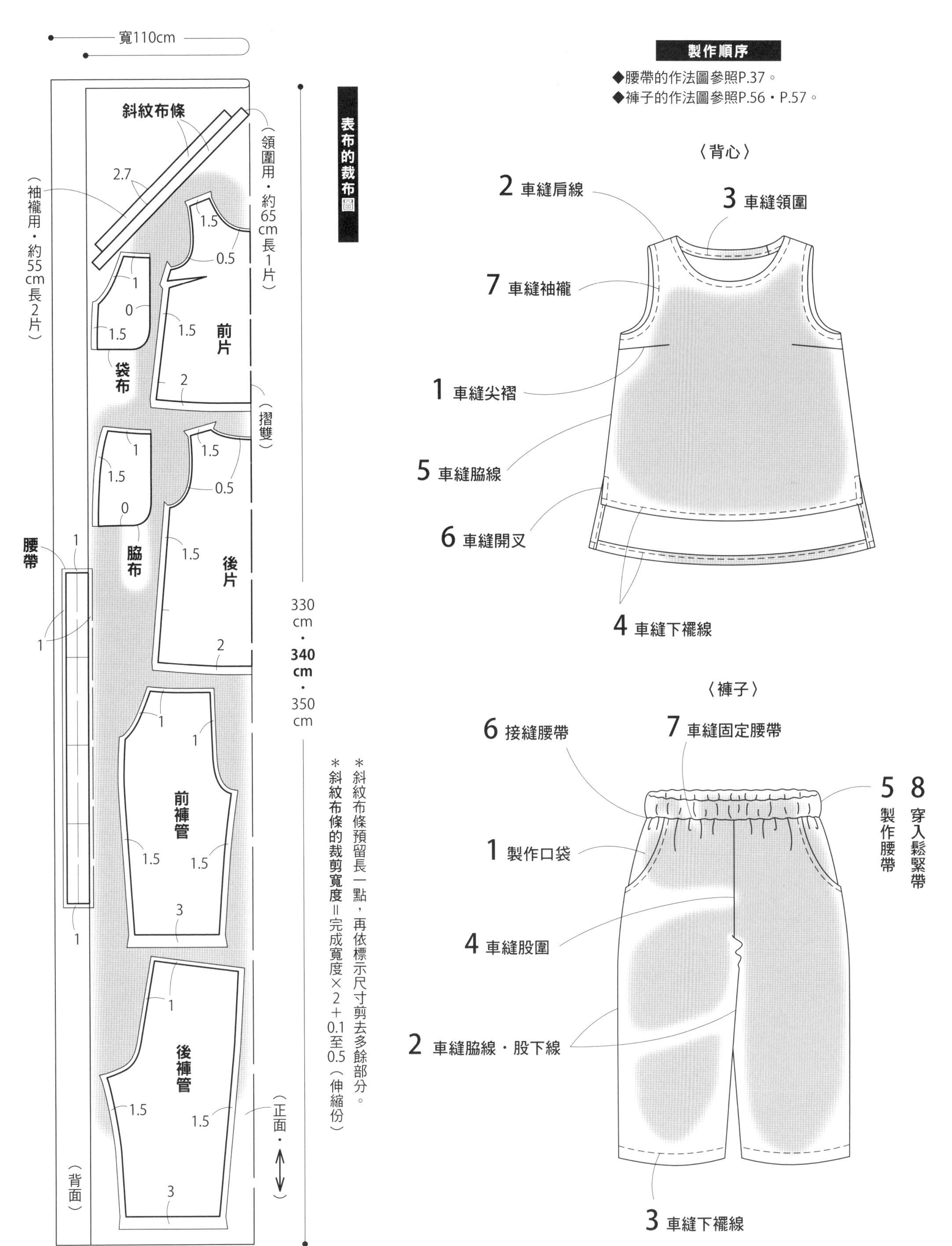

寬110cm
斜紋布條
2.7
（領圍用・約65cm長1片）
（袖襱用・約55cm長2片）
1.5
0.5
1
0
1.5
1.5
前片
袋布
2
（摺雙）
1
1.5
1.5
0.5
0
脇布
1.5
後片
2
腰帶
1
1
1
1
1
前褲管
1.5
1.5
3
1
後褲管
1.5
1.5
3
（背面）
（正面・↕）
表布的裁布圖
330cm・340cm・350cm
＊斜紋布條預留長一點，再依標示尺寸剪去多餘部分。
＊斜紋布條的裁剪寬度＝完成寬度×2＋0.1至0.5（伸縮份）
製作順序
◆腰帶的作法圖參照P.37。
◆褲子的作法圖參照P.56・P.57。
〈背心〉
2 車縫肩線
3 車縫領圍
7 車縫袖襱
1 車縫尖褶
5 車縫脇線
6 車縫開叉
4 車縫下襬線
〈褲子〉
6 接縫腰帶
7 車縫固定腰帶
5 製作腰帶
8 穿入鬆緊帶
1 製作口袋
4 車縫股圍
2 車縫脇線・股下線
3 車縫下襬線

P.6 5

P.7 6

材料 尺寸		S	M	L
5表布（亞麻）	寬112cm	140cm	140cm	150cm
6表布（雙層棉紗）	寬106cm	160cm	160cm	170cm
※以直布紋裁剪**6**時的使用量		（210cm）	（220cm）	（230cm）
完成尺寸	**5**總長	44.3cm	47cm	48.7cm
	6總長	77.8cm	82cm	85.2cm

3段數字：
S尺寸
M尺寸
L尺寸
只有1個數字表示3種尺寸通用

關於紙型

◆**原寸紙型**：使用B面**B**。

◆**使用部件**：前・後片／貼邊

＊肩線為直線縫部件，直接在布上作記號後裁剪。

◆**紙型修改方式**

＊**5**是直接使用紙型。**6**是加長衣身長度。

＝紙型B

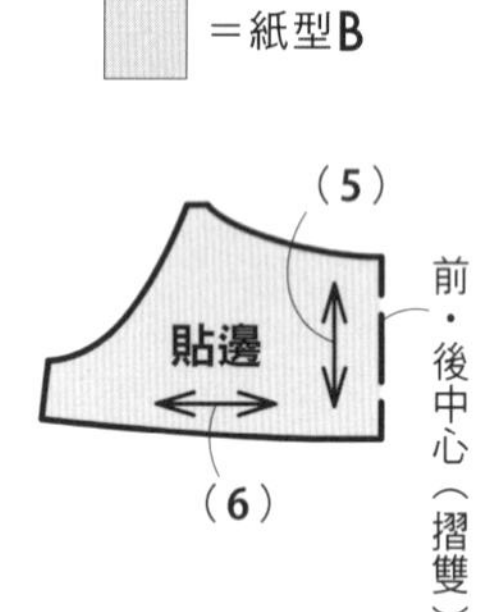

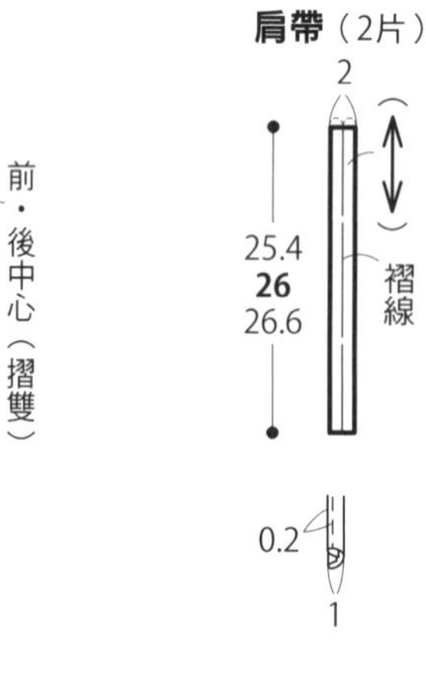

肩帶接縫位置
0.2
前片・後中心（摺雙）
貼邊
前片・後片
（5）
（6）
1.8
5的下襬線
33.5
35
36.5
33.5
35
36.5
1.8
6的下襬線

5表布的裁布圖

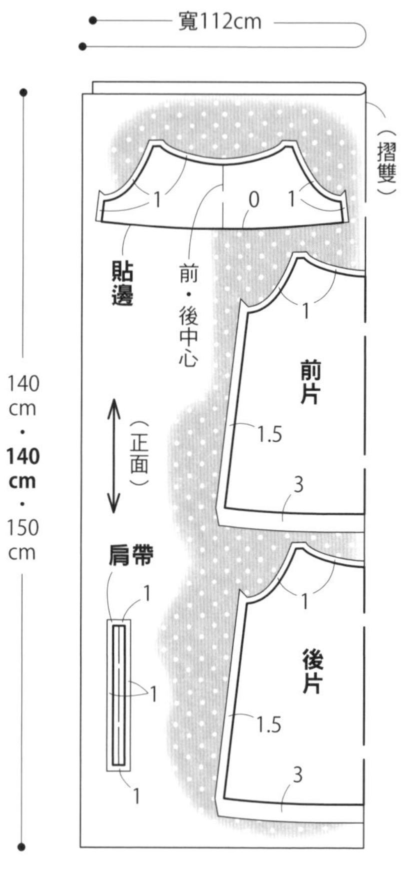

6表布的裁布圖

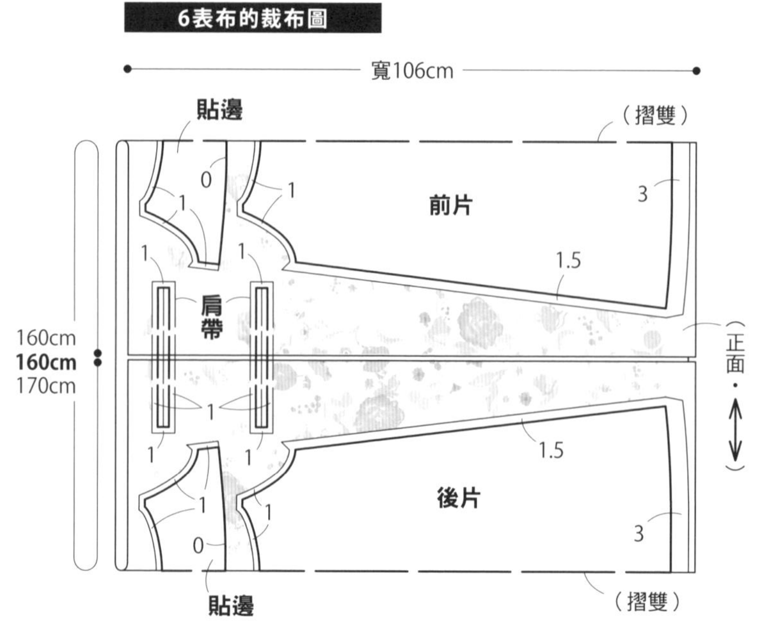

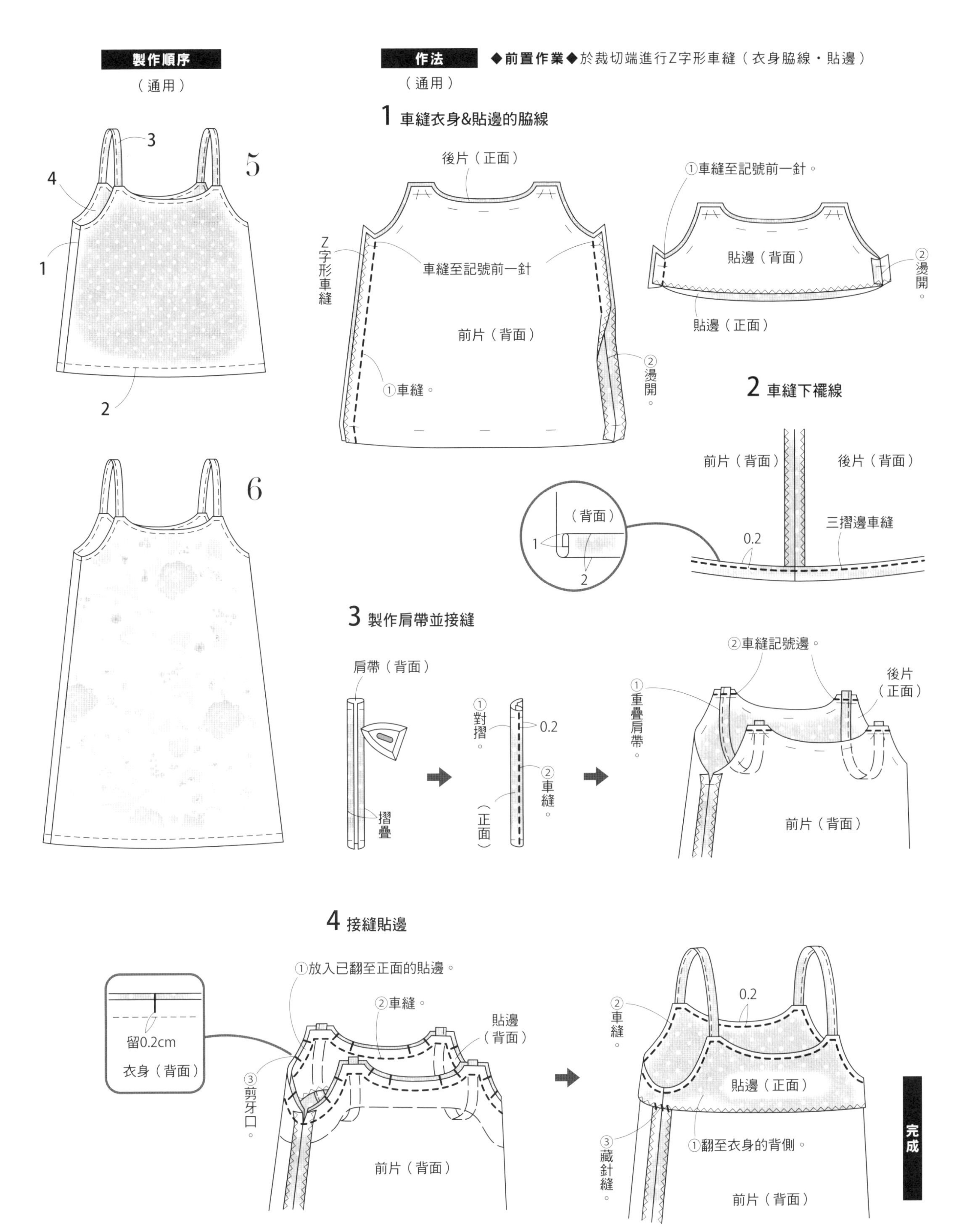
製作順序
（通用）
3
4
5
1
2
6
作法
◆前置作業◆於裁切端進行Z字形車縫（衣身脇線・貼邊）
（通用）
1 車縫衣身&貼邊的脇線
後片（正面）
Z字形車縫
車縫至記號前一針
前片（背面）
①車縫。
②燙開。
①車縫至記號前一針。
貼邊（背面）
②燙開。
貼邊（正面）
2 車縫下襬線
前片（背面）
後片（背面）
（背面）
1
2
0.2
三摺邊車縫
3 製作肩帶並接縫
肩帶（背面）
摺疊
①對摺。
0.2
②車縫。
（正面）
②車縫記號邊。
①重疊肩帶。
後片（正面）
前片（背面）
4 接縫貼邊
留0.2cm
衣身（背面）
①放入已翻至正面的貼邊。
②車縫。
貼邊（背面）
③剪牙口。
前片（背面）
②車縫。
0.2
貼邊（正面）
①翻至衣身的背側。
③藏針縫。
前片（背面）
完成

P.8 7・8

材料 尺寸		S	M	L
表布（棉質加皺sheeting布）	寬110cm	320cm	330cm	340cm
鬆緊帶	寬30mm	70cm	75cm	80cm
完成尺寸	衣長	44.3cm	47cm	48.7cm
	褲長	78cm	81cm	84cm

3段數字：
S尺寸
M尺寸
L尺寸
只有1個數字表示3種尺寸通用

關於紙型

◆**原寸紙型：細肩帶背心**使用B面B，**褲子**使用B面G。

◆**使用部件：細肩帶背心**是前・後片／貼邊、**褲子**是前・後褲管

＊**褲子**的前・後褲管紙型是分成兩片，請合併紙型複寫成一片使用。

＊肩帶與綁繩為直線縫，直接在布上作記號後裁剪。

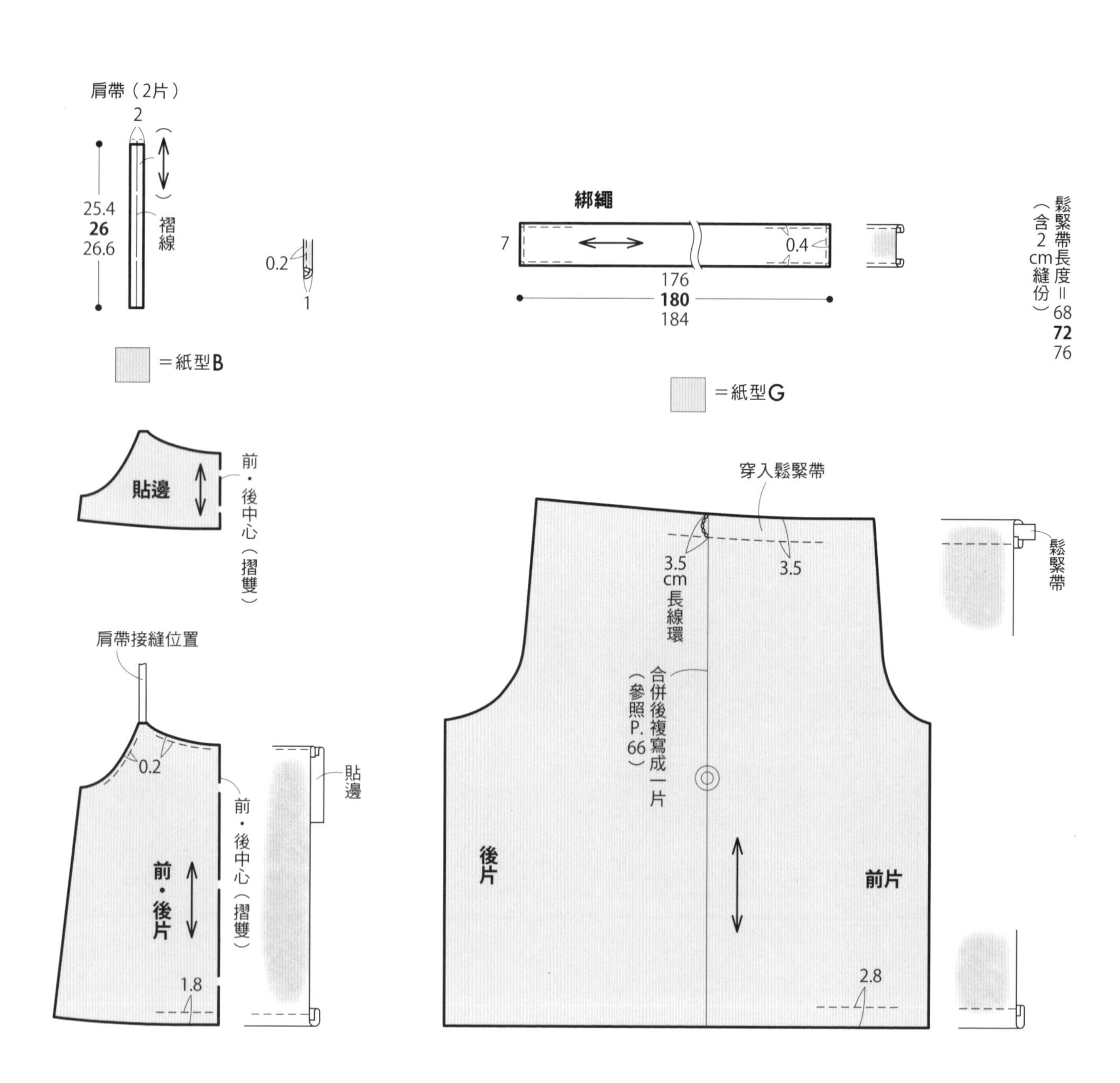

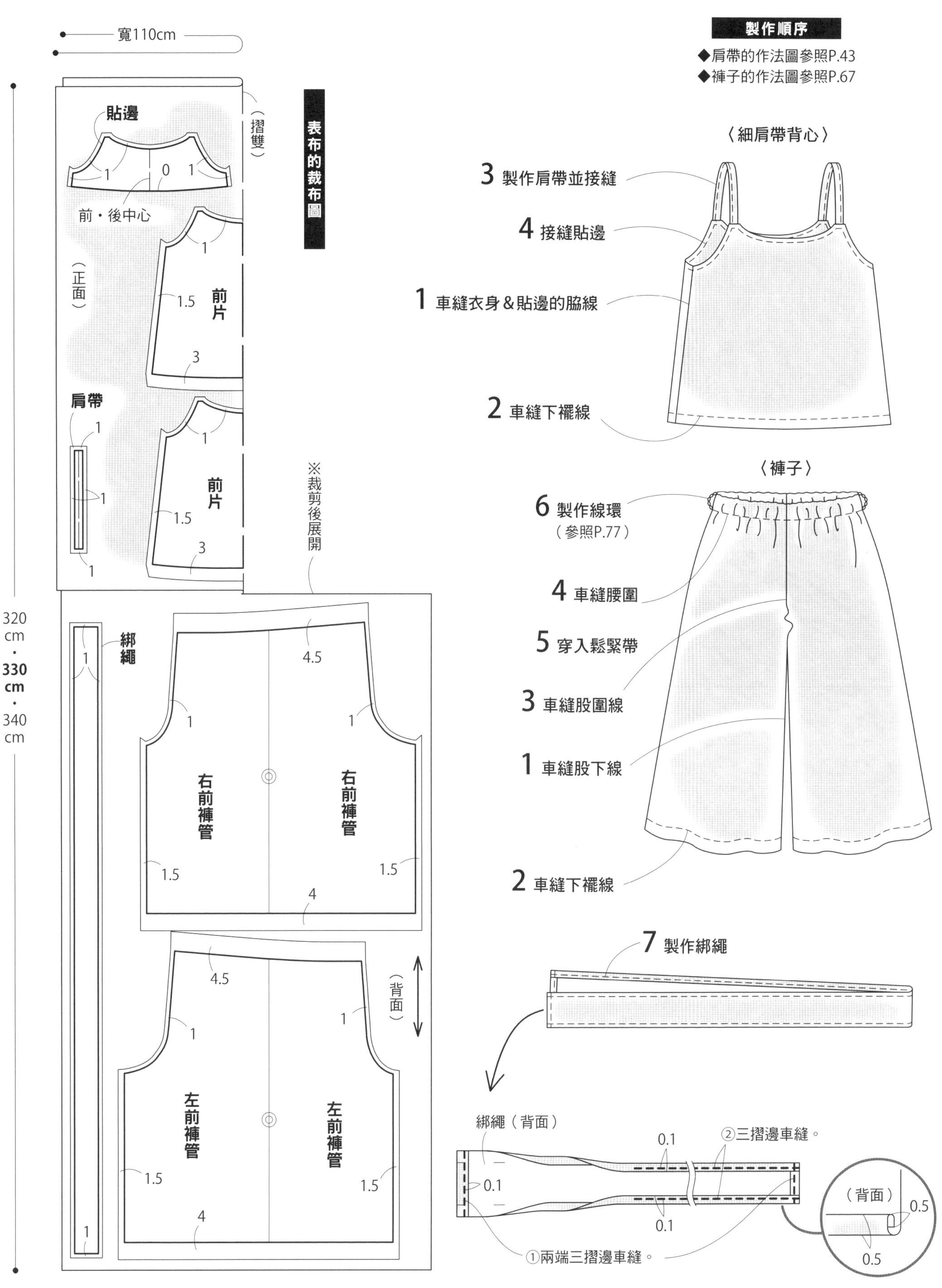
寬110cm
摺雙
表布的裁布圖
貼邊
前・後中心
正面
前片
肩帶
※裁剪後展開
320cm・330cm・340cm
綁繩
右前褲管
左前褲管
背面
製作順序
◆肩帶的作法圖參照P.43
◆褲子的作法圖參照P.67
〈細肩帶背心〉
3 製作肩帶並接縫
4 接縫貼邊
1 車縫衣身&貼邊的脇線
2 車縫下襬線
〈褲子〉
6 製作線環（參照P.77）
4 車縫腰圍
5 穿入鬆緊帶
3 車縫股圍線
1 車縫股下線
2 車縫下襬線
7 製作綁繩
綁繩（背面）
②三摺邊車縫。
①兩端三摺邊車縫。
（背面）

P.10 **9**　　P.11 **10**

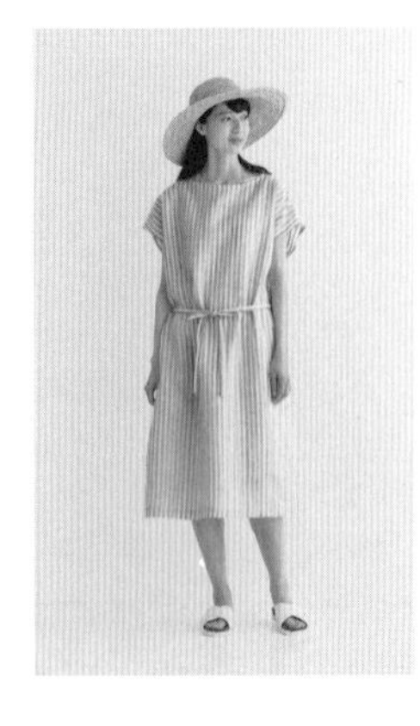

材料　　　　　　尺寸		S	M	L
9表布（亞麻直條紋）	寬110cm	260cm	270cm	280cm
10表布（拉塞爾蕾絲）	寬145cm	140cm	140cm	150cm
10斜紋布條（兩摺）	寬12.7mm	約70cm	約70cm	約70cm
完成尺寸	**9**總長	97cm	102cm	106cm
	10總長	55cm	58cm	60cm

關於紙型

◆**原寸紙型**：使用A面**C**。

◆**使用部件**：前・後片

＊複寫原寸紙型時，前片與後片分開複寫。

＊**9**的綁繩與斜紋布條為直線縫，直接在布上作記號後裁剪。

◆**紙型修改方式**

＊**9**是加長衣身長度。

＊**10**是直接使用紙型。

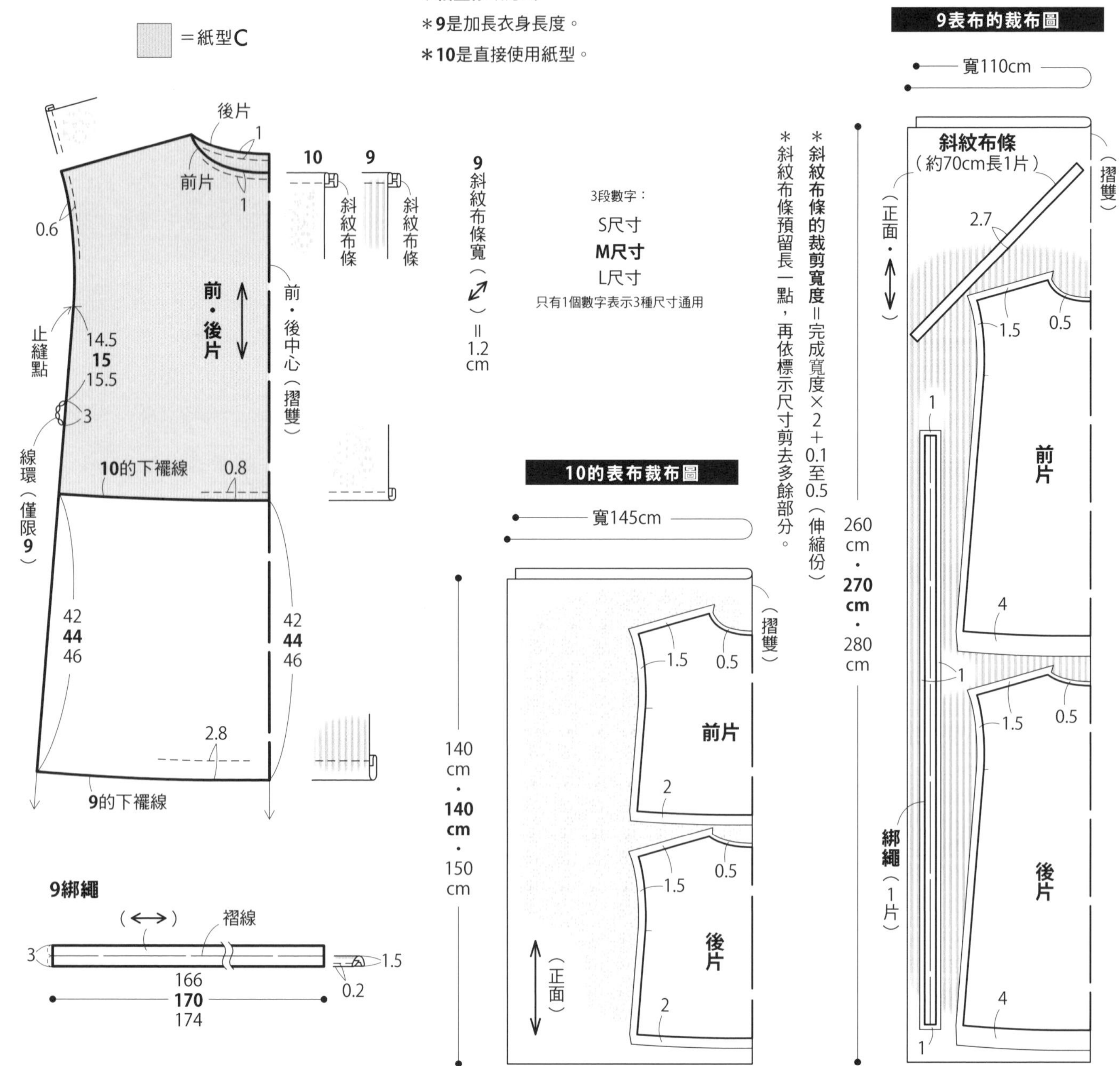

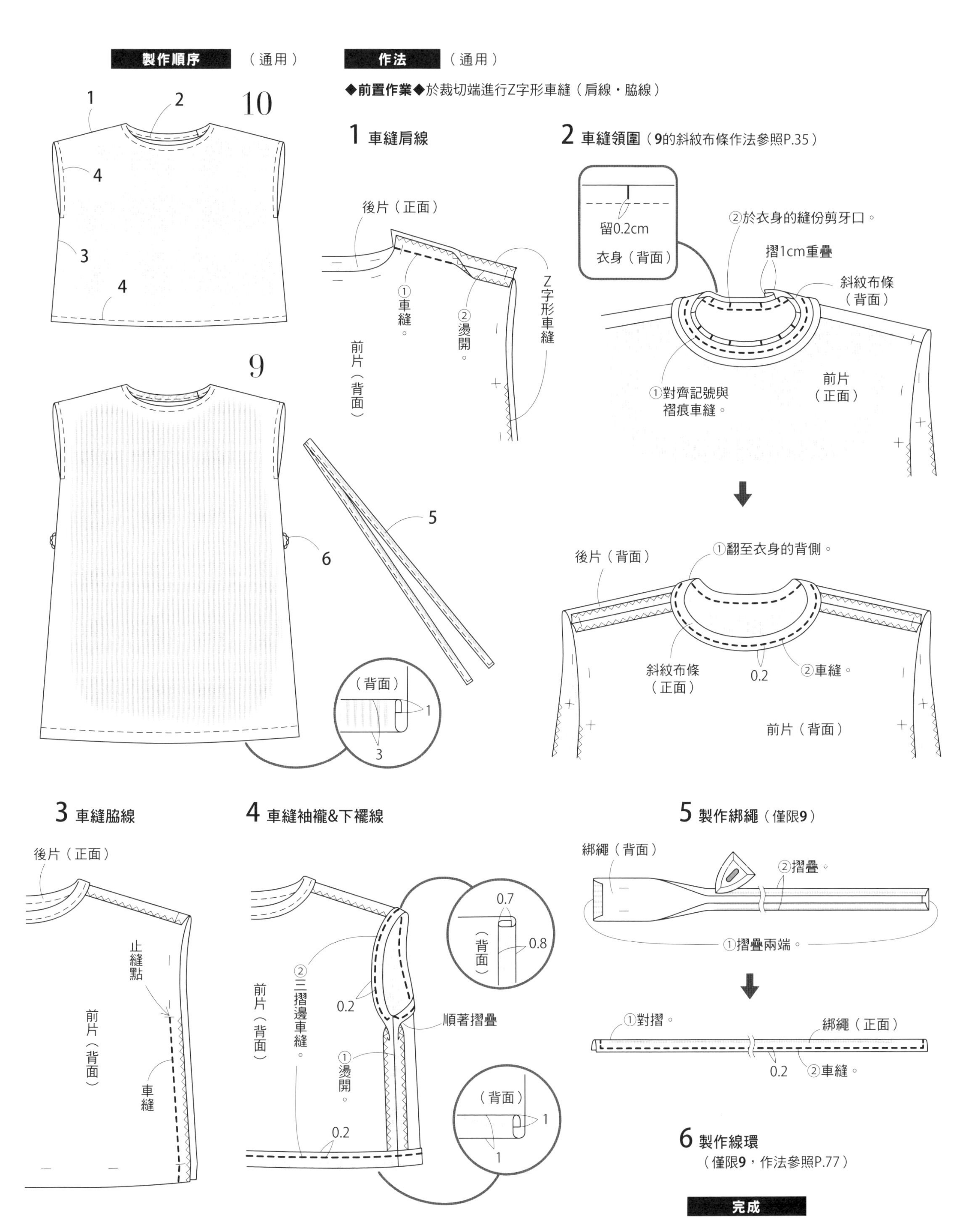
製作順序
（通用）
1
2
10
4
3
4
9
5
6
（背面）
1
3
作法
（通用）
◆前置作業◆於裁切端進行Z字形車縫（肩線・脇線）
1 車縫肩線
後片（正面）
①車縫。
②燙開。
Z字形車縫
前片（背面）
2 車縫領圍（9的斜紋布條作法參照P.35）
留0.2cm
衣身（背面）
②於衣身的縫份剪牙口。
摺1cm重疊
斜紋布條（背面）
①對齊記號與摺痕車縫。
前片（正面）
後片（背面）
①翻至衣身的背側。
斜紋布條（正面）
0.2
②車縫。
前片（背面）
3 車縫脇線
後片（正面）
止縫點
前片（背面）
車縫
4 車縫袖襱&下襬線
0.7
（背面）
0.8
前片（背面）
②三摺邊車縫。
0.2
順著摺疊
①燙開。
0.2
（背面）
1
1
5 製作綁繩（僅限9）
綁繩（背面）
②摺疊。
①摺疊兩端。
①對摺。
綁繩（正面）
0.2
②車縫。
6 製作線環
（僅限9，作法參照P.77）
完成

P.12 11

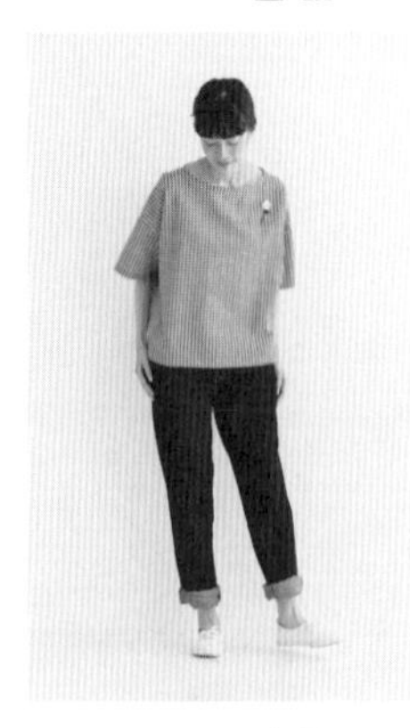

材料＼尺寸		S	M	L
11表布（棉質泡泡布）	寬110cm	190cm	200cm	210cm
12表布（亞麻）	寬106cm	280cm	290cm	300cm
完成尺寸	**11**總長	55cm	58cm	60cm
	12總長	97cm	102cm	106cm

3段數字：
S尺寸
M尺寸
L尺寸
只有1個數字表示3種尺寸通用

關於紙型

◆**原寸紙型：**使用A面**C**。

◆**使用部件：**前・後片／袖子

＊複寫原寸紙型時，前片與後片分開複寫。

＊斜紋布條為直線縫，直接在布上作記號後裁剪。

◆**紙型修改方式**

＊**11**是直接使用紙型，**12**是加長衣身長度。

＊斜紋布條預留長一點，
再依標示尺寸剪去多餘部分。

P.13 12

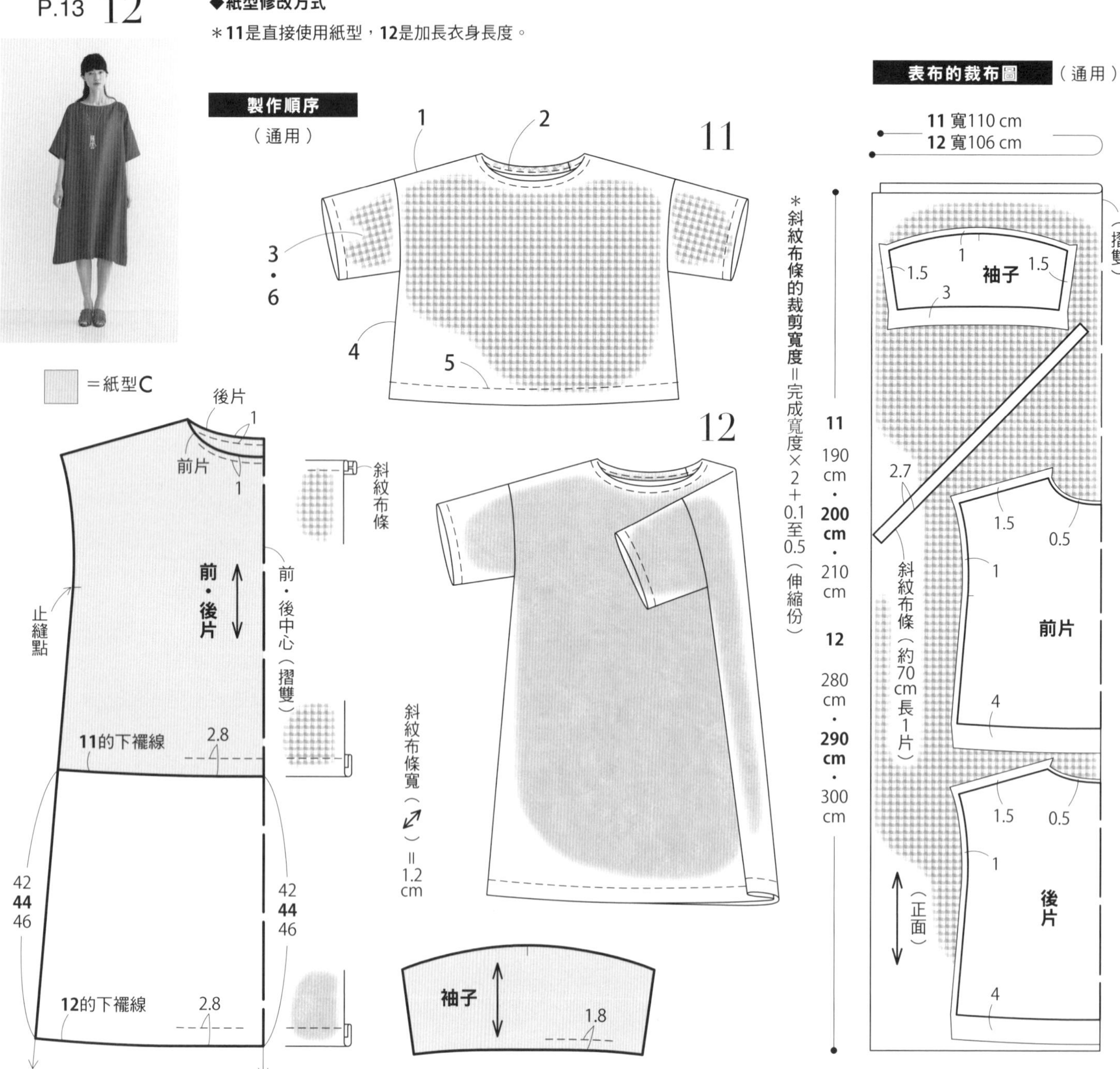

（共通）　**◆前置作業◆**於裁切端進行Z字形車縫（肩線・脇線・袖下線）

1 車縫肩線

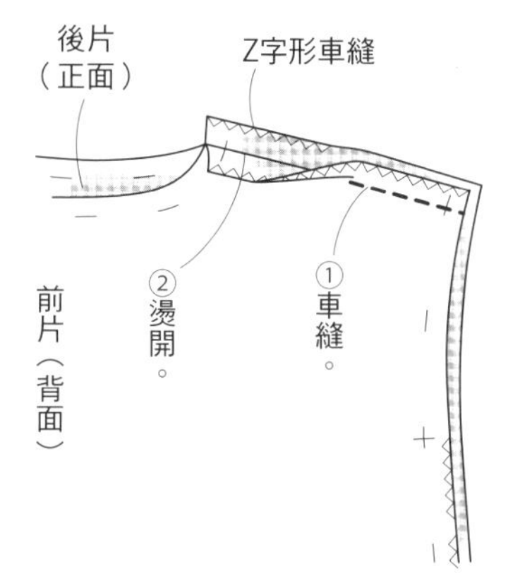

2 車縫領圍（斜紋布條的作法參照P.35）

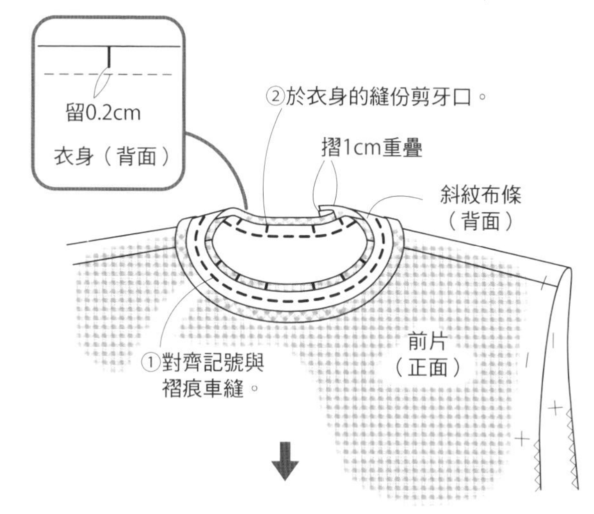

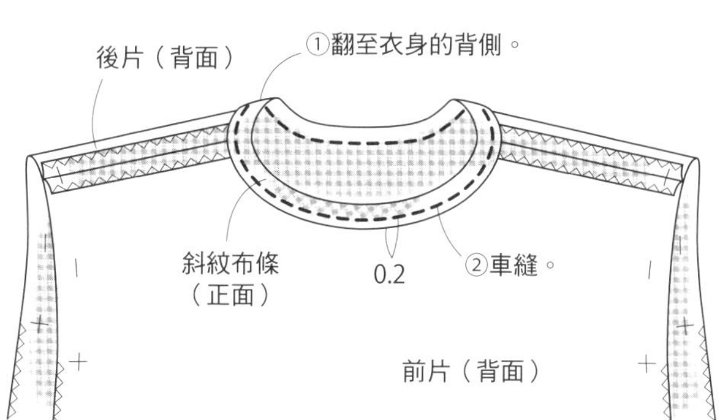

3 製作袖子

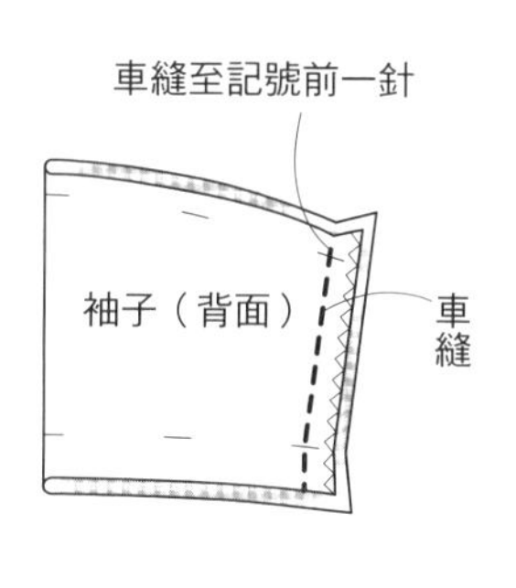

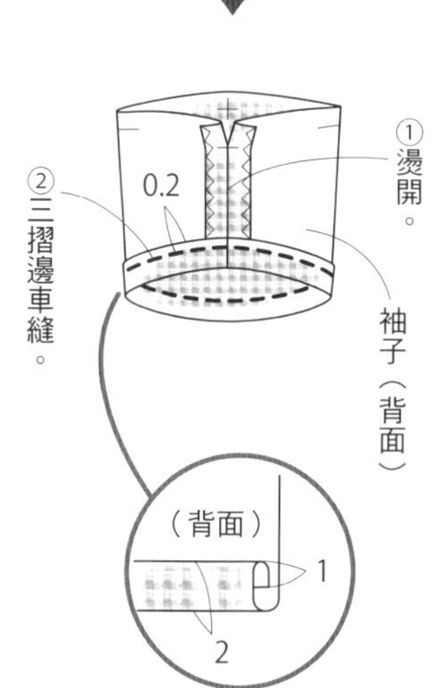

4 車縫脇線

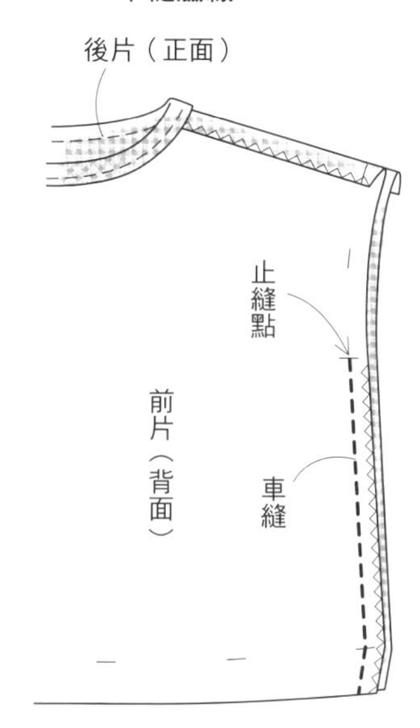

5 車縫下襬線

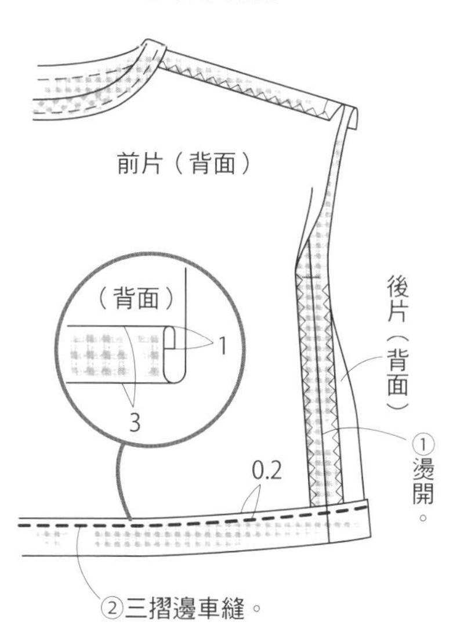

6 接縫袖子

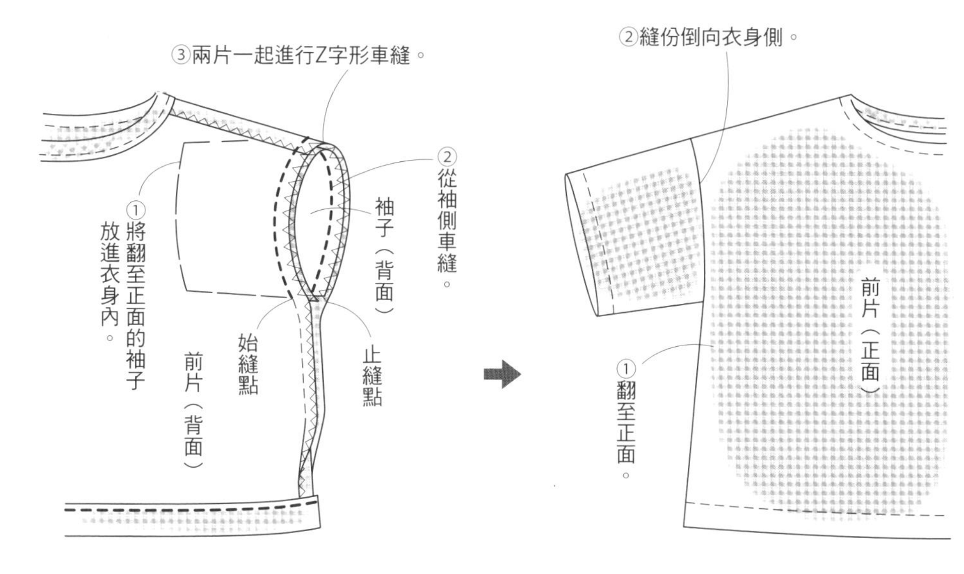

完成

13・14

材料	尺寸	S	M	L
表布（起毛棉亞麻）	寬106cm	330cm	340cm	350cm
鬆緊帶	寬40mm	70cm	75cm	80cm
完成尺寸	衣長	55cm	58cm	60cm
	裙長	67.5cm	72cm	75.5cm

關於紙型

◆**原寸紙型：罩衫**使用A面C，**裙子**使用B面I。

◆**使用部件：罩衫**是前・後片，**裙子**是前・後裙片／腰帶

＊複寫原寸紙型時，前片與後片分開複寫。

＊斜紋布條為直線縫，直接在布上作記號後裁剪。

◆**紙型修改方式**

＊**罩衫**是直接使用紙型。

＊**裙子**是加長長度，並加上腰帶與腰圍的合印記號。

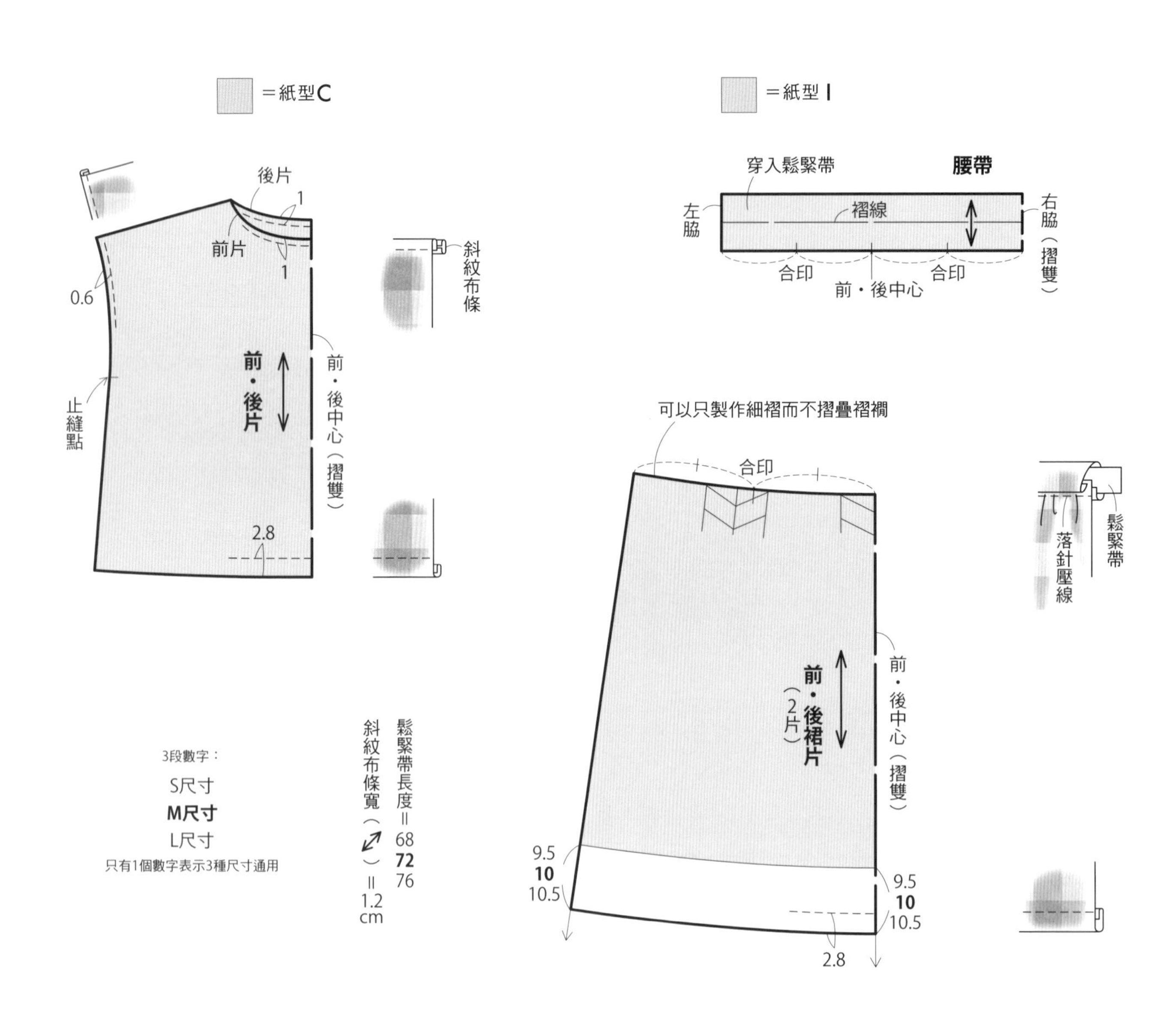

製作順序

◆罩衫的作法圖參照P.47
◆裙子的作法圖參照P.71

〈罩衫〉

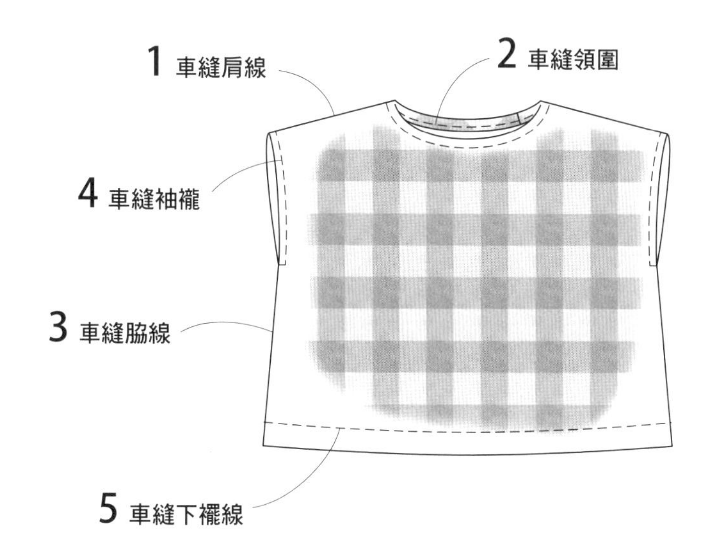

〈裙子〉

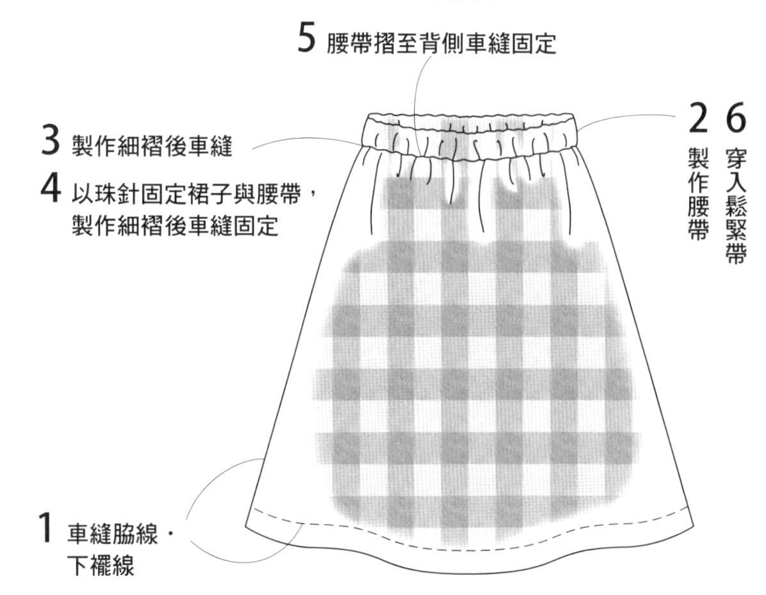

＊下襬三摺邊車縫的方法＊

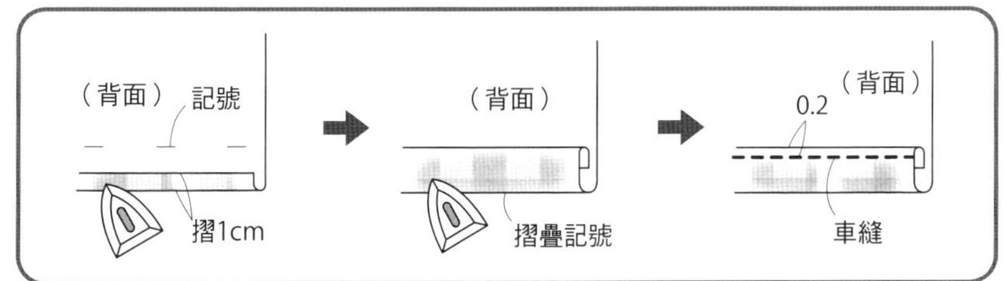

表布的裁布圖

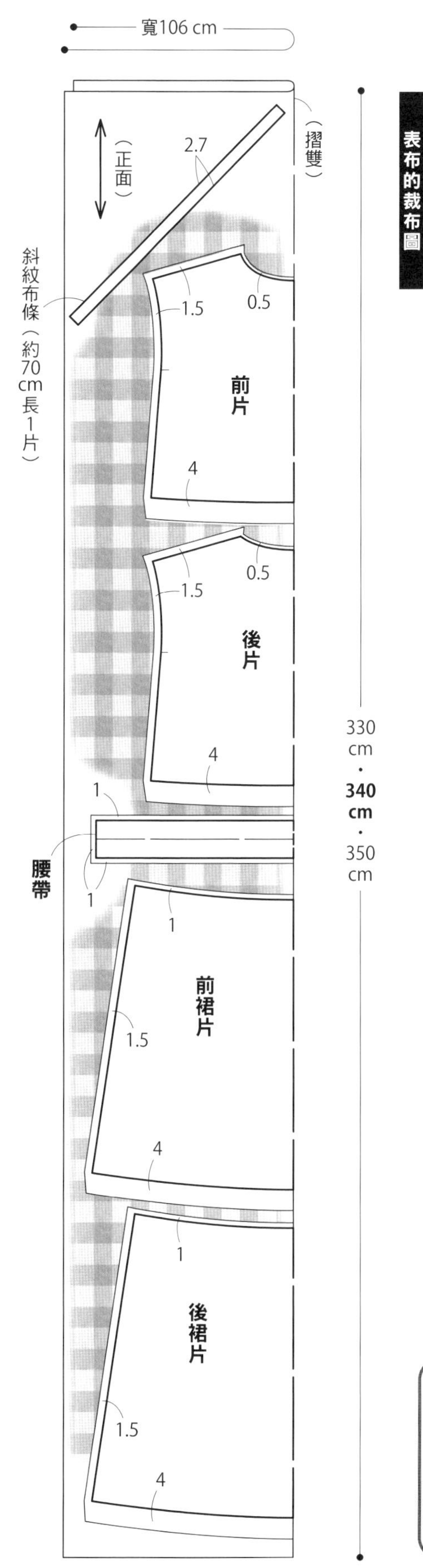

＊斜紋布條預留長一點，再依標示尺寸剪去多餘部分。
＊斜紋布條的裁剪寬度＝完成寬度×2＋0.1至0.5（伸縮份）

 15

材料 尺寸		S	M	L
表布（dobby織棉布）	寬97cm	380cm	390cm	400m
黏著襯（日本vilene・FV-2）	寬5cm	5cm	5cm	5cm
完成尺寸	總長	81cm	85cm	88cm

3段數字：
S尺寸
M尺寸
L尺寸
只有1個數字表示3種尺寸通用

關於紙型

◆**原寸紙型**：使用A面D。
◆**使用部件**：前／後片

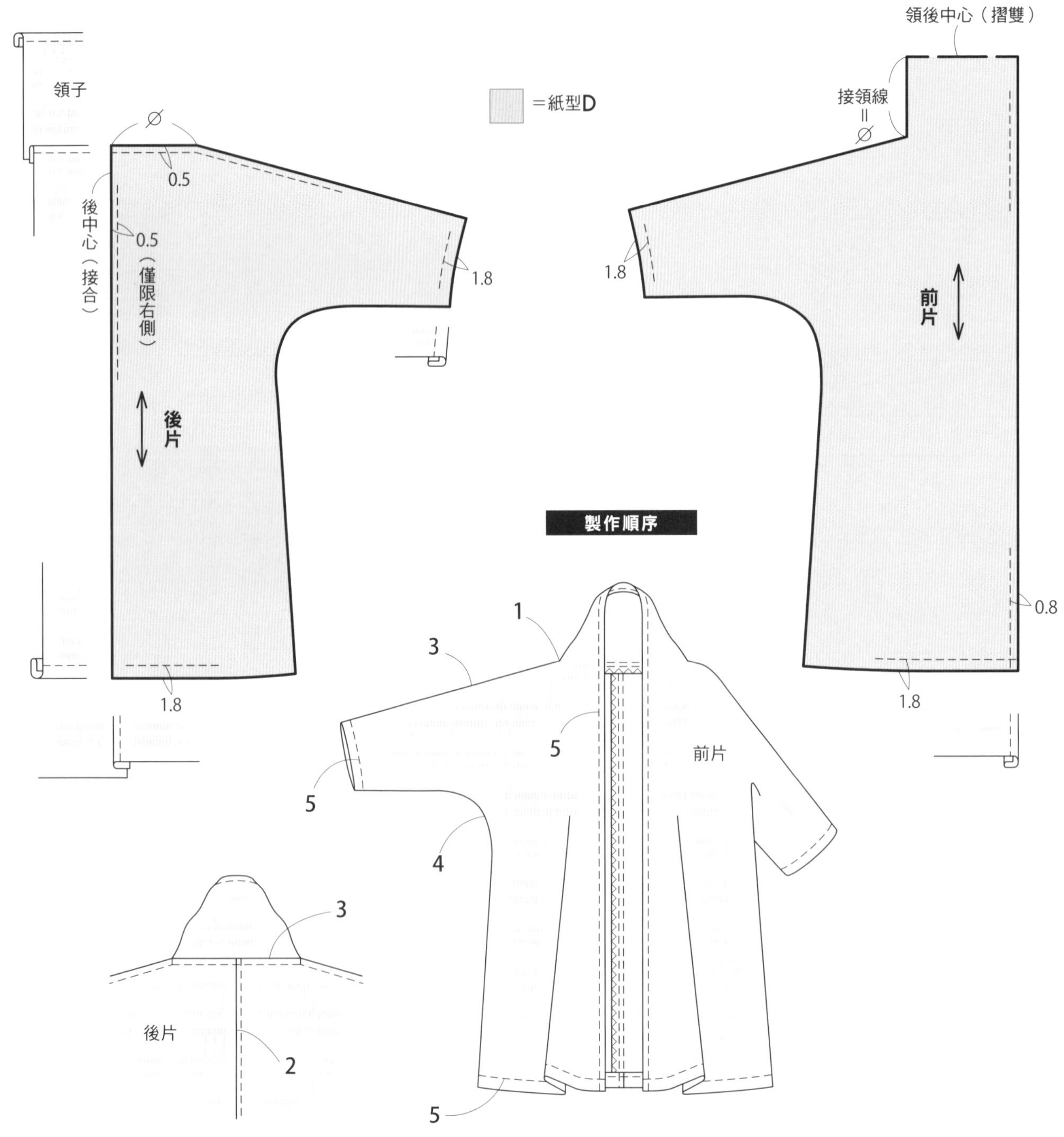

作法

1 於前衣身的邊角貼上黏著襯

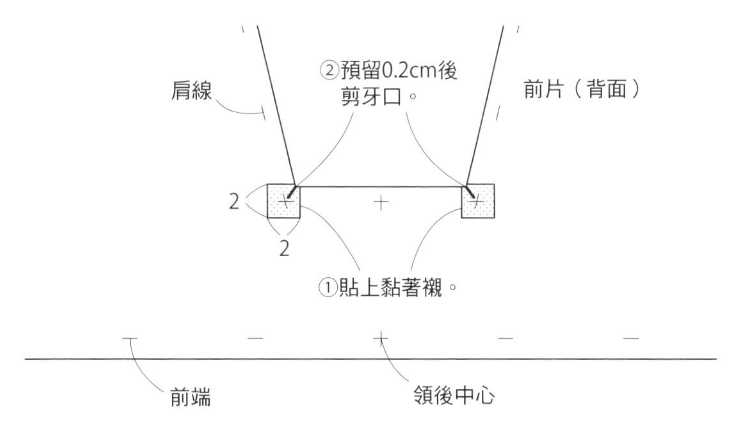

表布的裁布圖

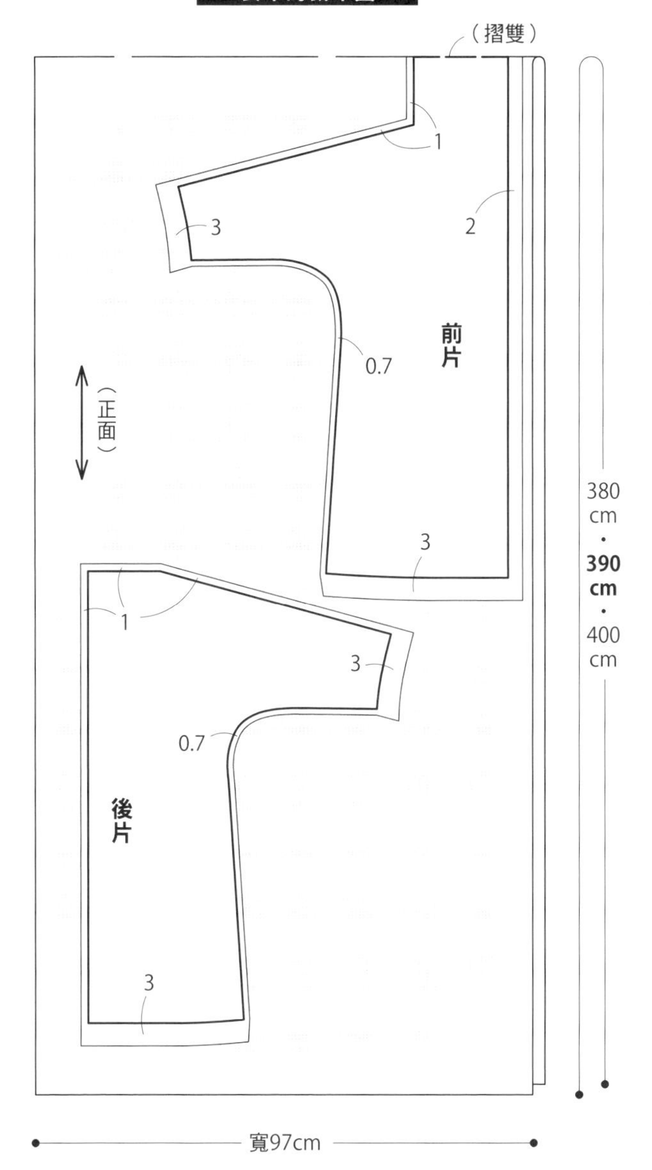

2 車縫後中心

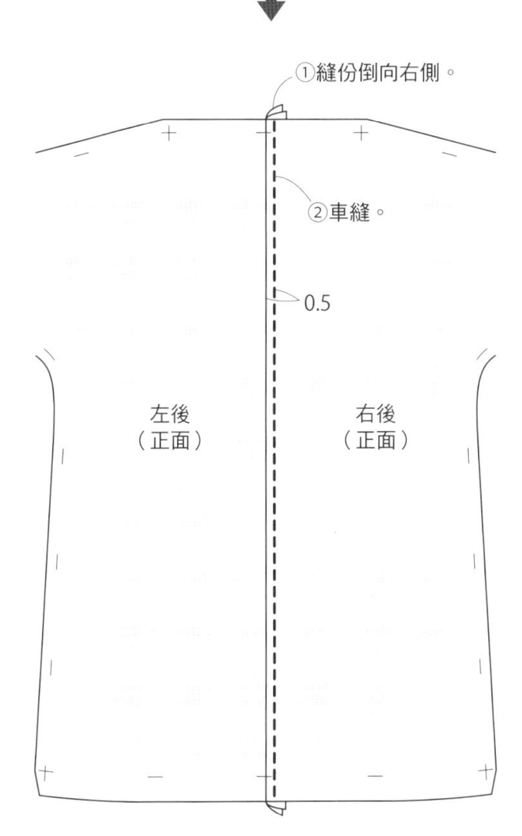

3 車縫肩線至接領線

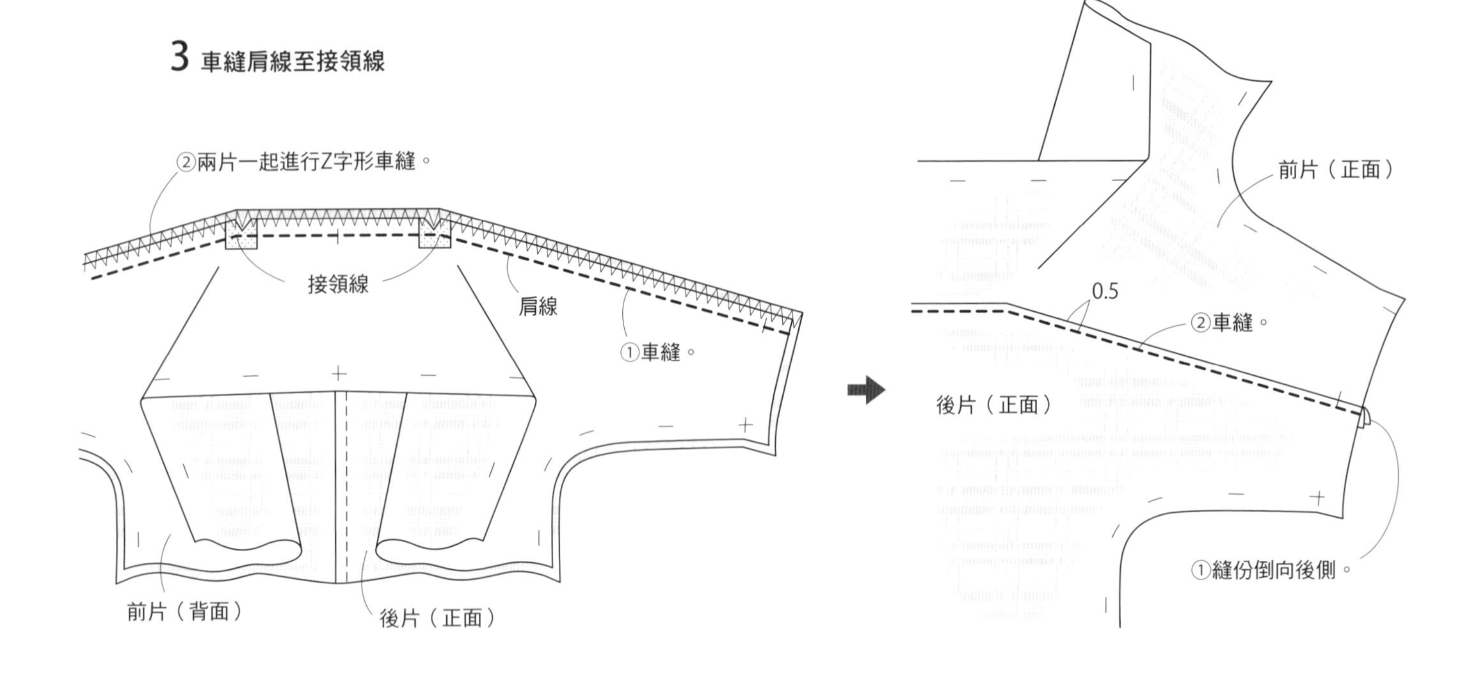

4 車縫袖下線至脇線

5 車縫袖口・下襬線・前端

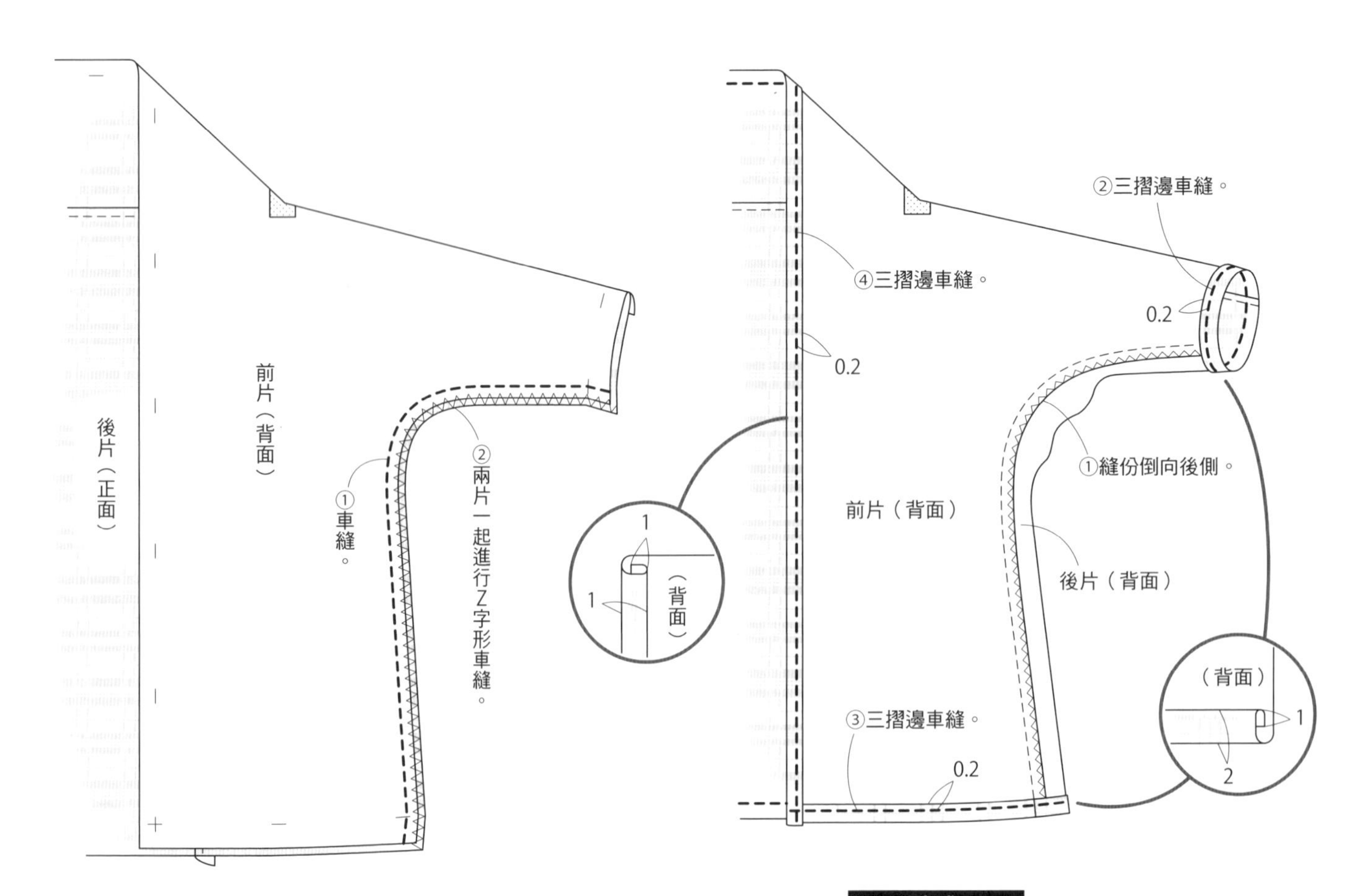

完成

P.24 23　　P.25 24

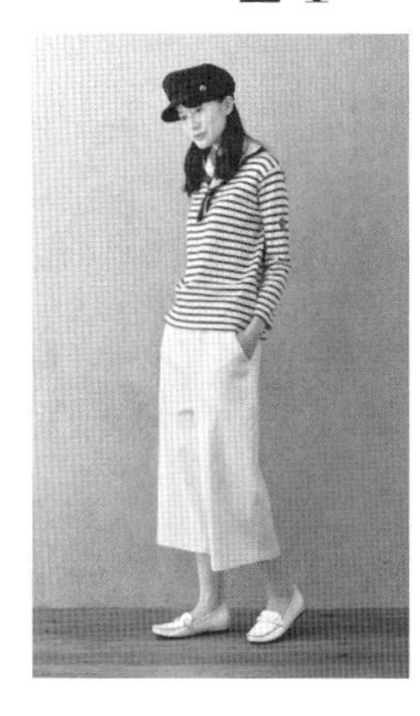

材料　　尺寸	S	M	L
23表布（夏天羊毛布）　寬154cm	190cm	200cm	210cm
24表布（棉麻斜織布）　寬110cm	200cm	210cm	220cm
23鈕釦　直徑12mm	8個	8個	8個
鬆緊帶　寬30mm	75cm	80cm	85cm
完成尺寸　**23**褲長	85cm	88.5cm	92cm
24褲長	73.5cm	76.5cm	79.5cm

關於紙型

◆**原寸紙型**：使用A面H。

◆**使用部件**：前／後片／腰帶／脇布／口袋布

＊**23**的吊帶為直線縫，直接在布上作記號後裁剪。

◆**紙型修改方式**

＊**23**是直接使用紙型。

＊**24**是縮減褲長。

3段數字：
S尺寸
M尺寸
L尺寸
只有1個數字表示3種尺寸通用

＝紙型H

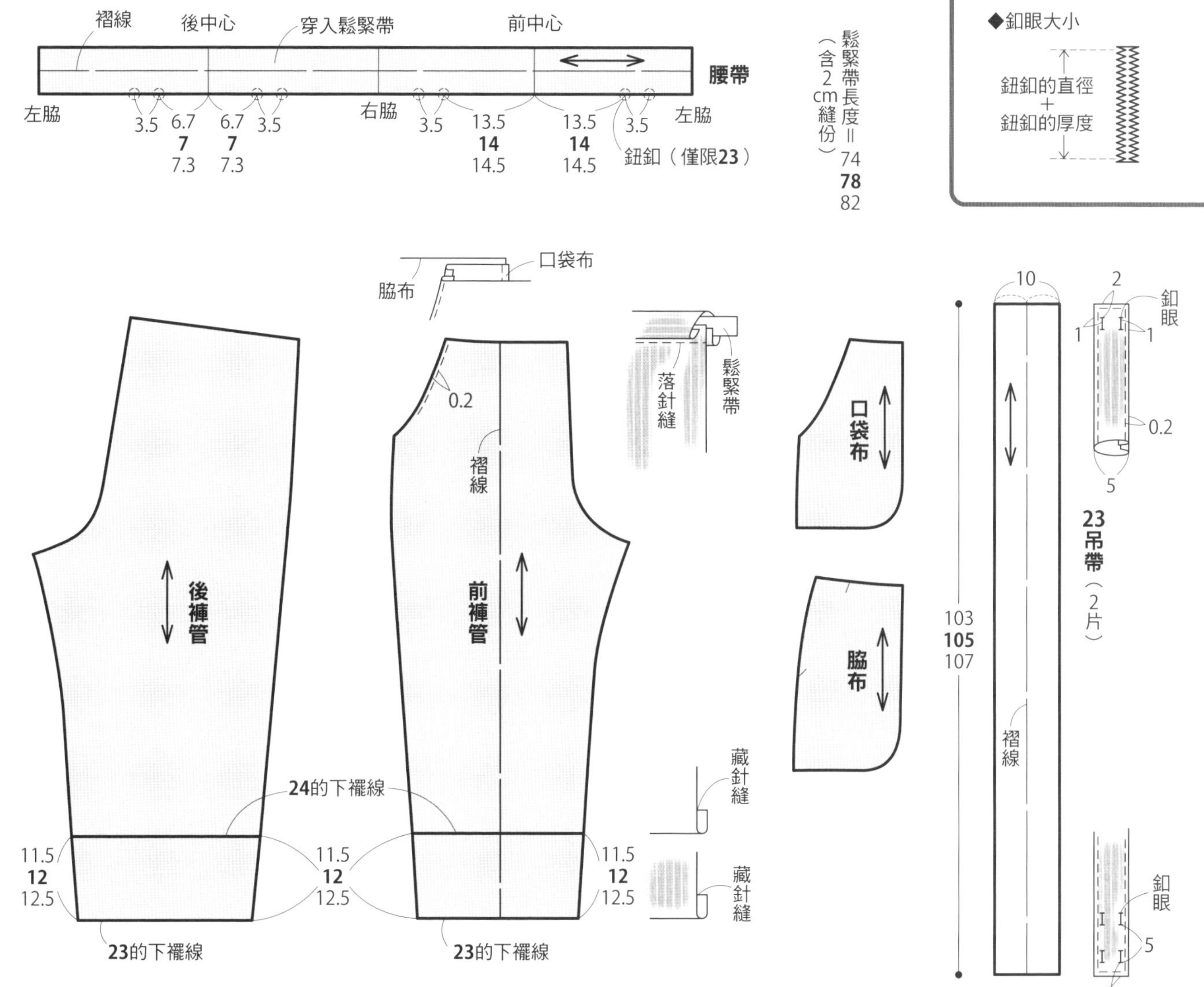

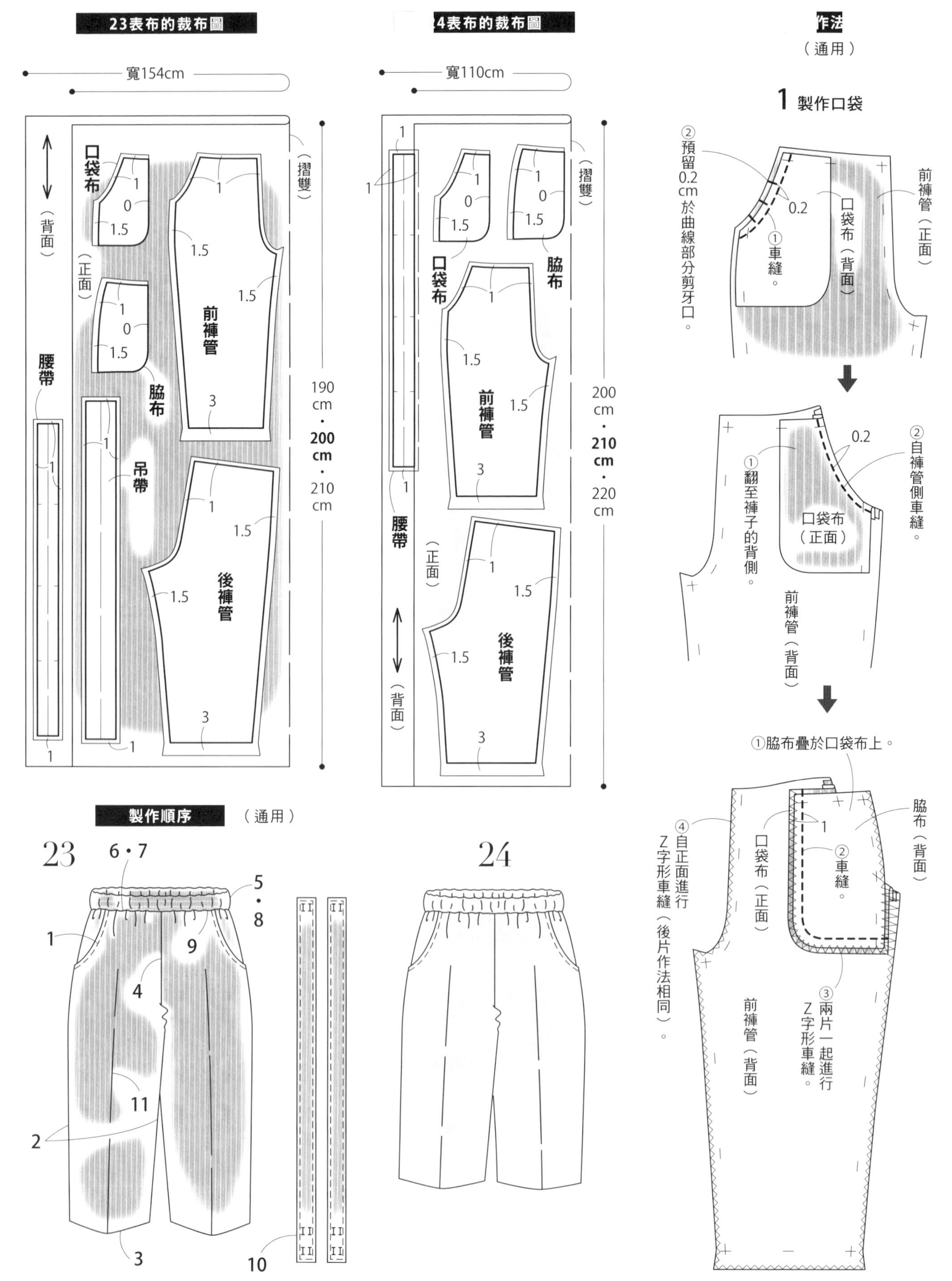
23表布的裁布圖
寬154cm
口袋布
1
0
1.5
(背面)
(正面)
1
0
1.5
前褲管
1
1.5
1.5
3
(摺雙)
脇布
腰帶
1
1
吊帶
1
1
1
1
1.5
1.5
後褲管
1.5
3
190 cm・200 cm・210 cm
24表布的裁布圖
寬110cm
1
1
1
0
1.5
1
0
1.5
口袋布
脇布
(摺雙)
前褲管
1
1.5
1.5
3
1
腰帶
(正面)
後褲管
1
1.5
1.5
3
(背面)
200 cm・210 cm・220 cm
製作順序 (通用)
23
6・7
5・8
1
9
4
11
2
3
10
24
作法
(通用)
1 製作口袋
②預留0.2cm於曲線部分剪牙口。
0.2
①車縫。
口袋布(背面)
前褲管(正面)
0.2
①翻至褲子的背側。
②自褲管側車縫。
口袋布(正面)
前褲管(背面)
①脇布疊於口袋布上。
脇布(背面)
1
④自正面進行Z字形車縫(後片作法相同)。
口袋布(正面)
②車縫。
③兩片一起進行Z字形車縫。
前褲管(背面)

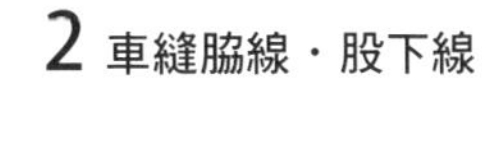

2 車縫脇線・股下線

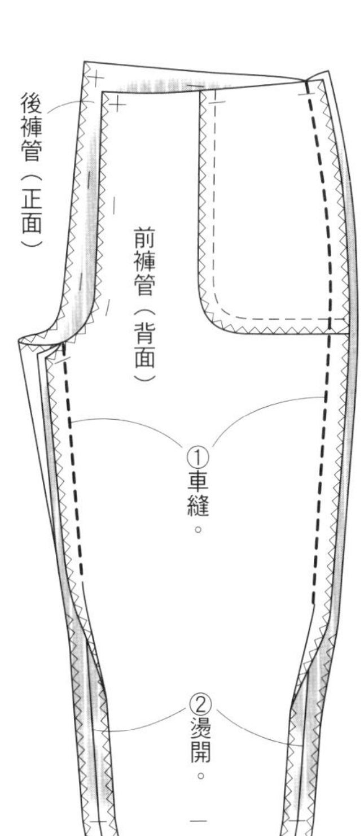

3 車縫下襬線

（藏針縫的縫法參照P.35）

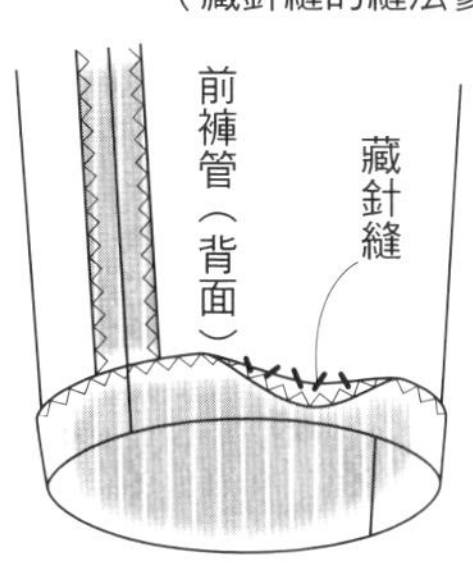

4 車縫股圍

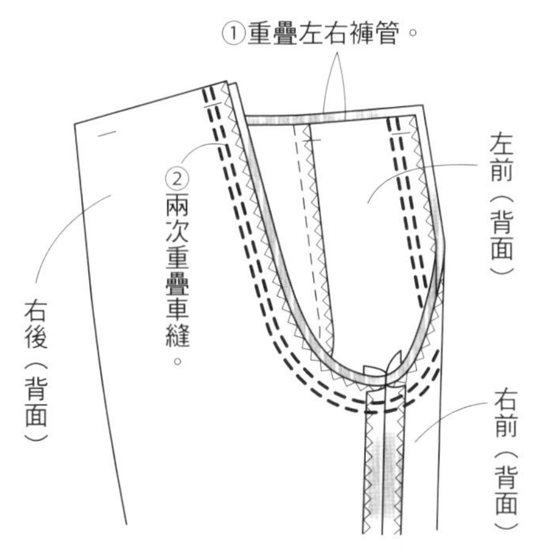

5 製作腰帶

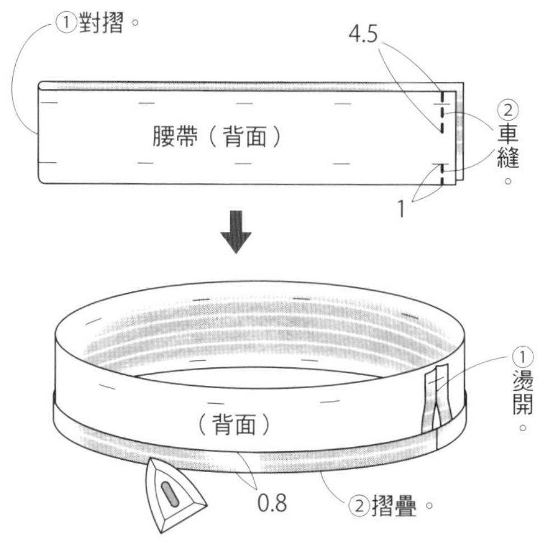

6 接縫腰帶

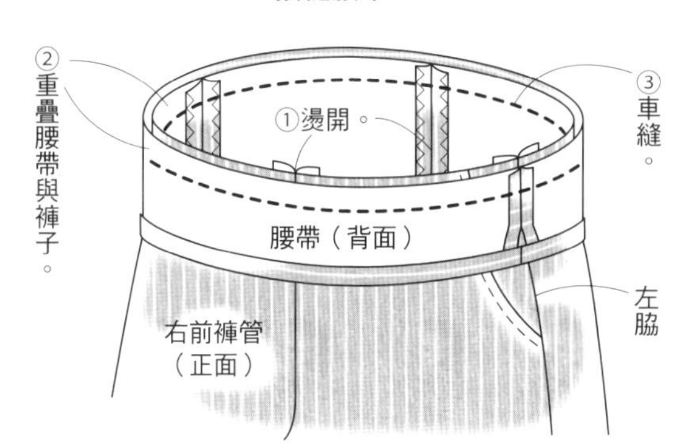

7 車縫固定腰帶

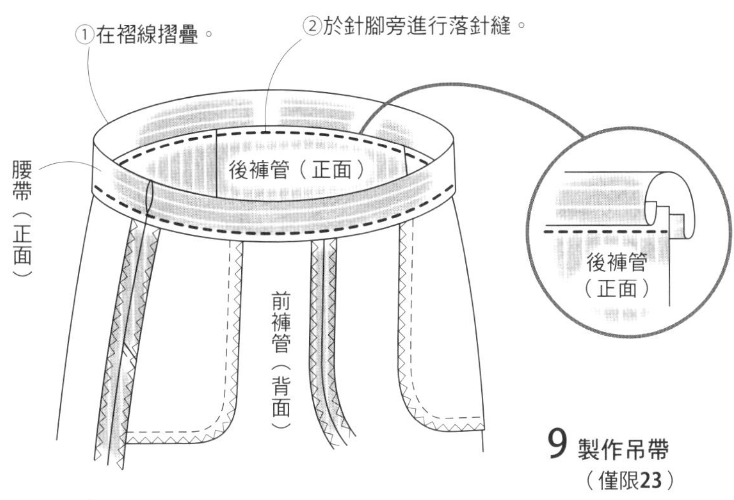

8 穿入鬆緊帶

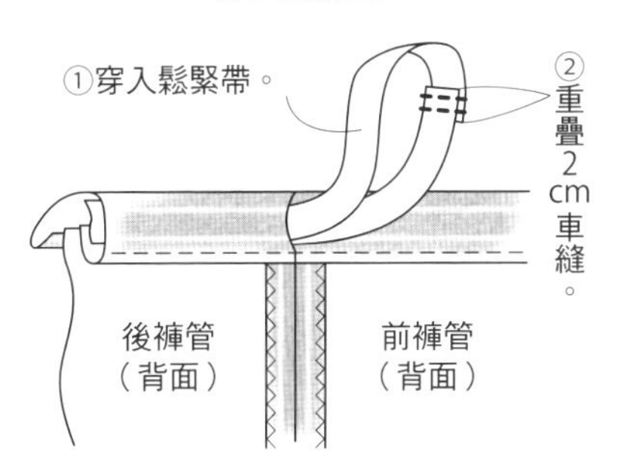

9 製作吊帶

（僅限**23**）

鈕釦縫在針腳上

後褲管（背面）

前褲管（正面）

10 製作吊帶（僅限**23**）

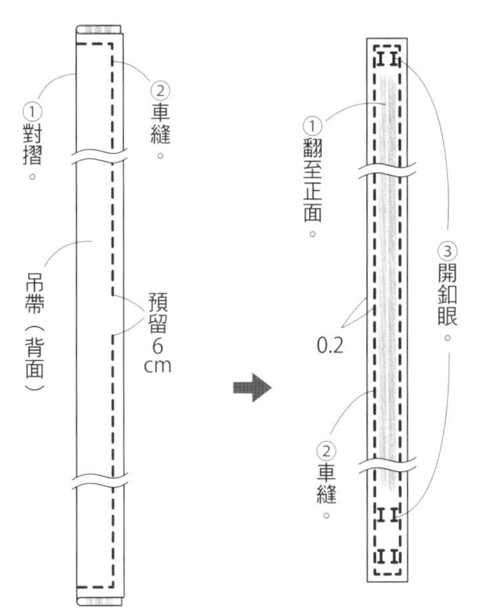

11 以熨斗燙出褶線

完成

P.17 16

材料　　　　　　　　　　　　尺寸	S	M	L
表布（雙層棉紗）　寬110cm	230cm	240cm	250cm
黏著襯（日本vilene・FV-2）　寬5cm	5cm	5cm	5cm
完成尺寸　總長	90.5cm	95cm	98.5cm

3段數字：
S尺寸
M尺寸
L尺寸
只有1個數字表示3種尺寸通用

關於紙型

◆**原寸紙型**：使用A面D。
◆**使用部件**：前／後片
＊前片的紙型是分成兩片，請合併紙型複寫成一片使用。

製作順序

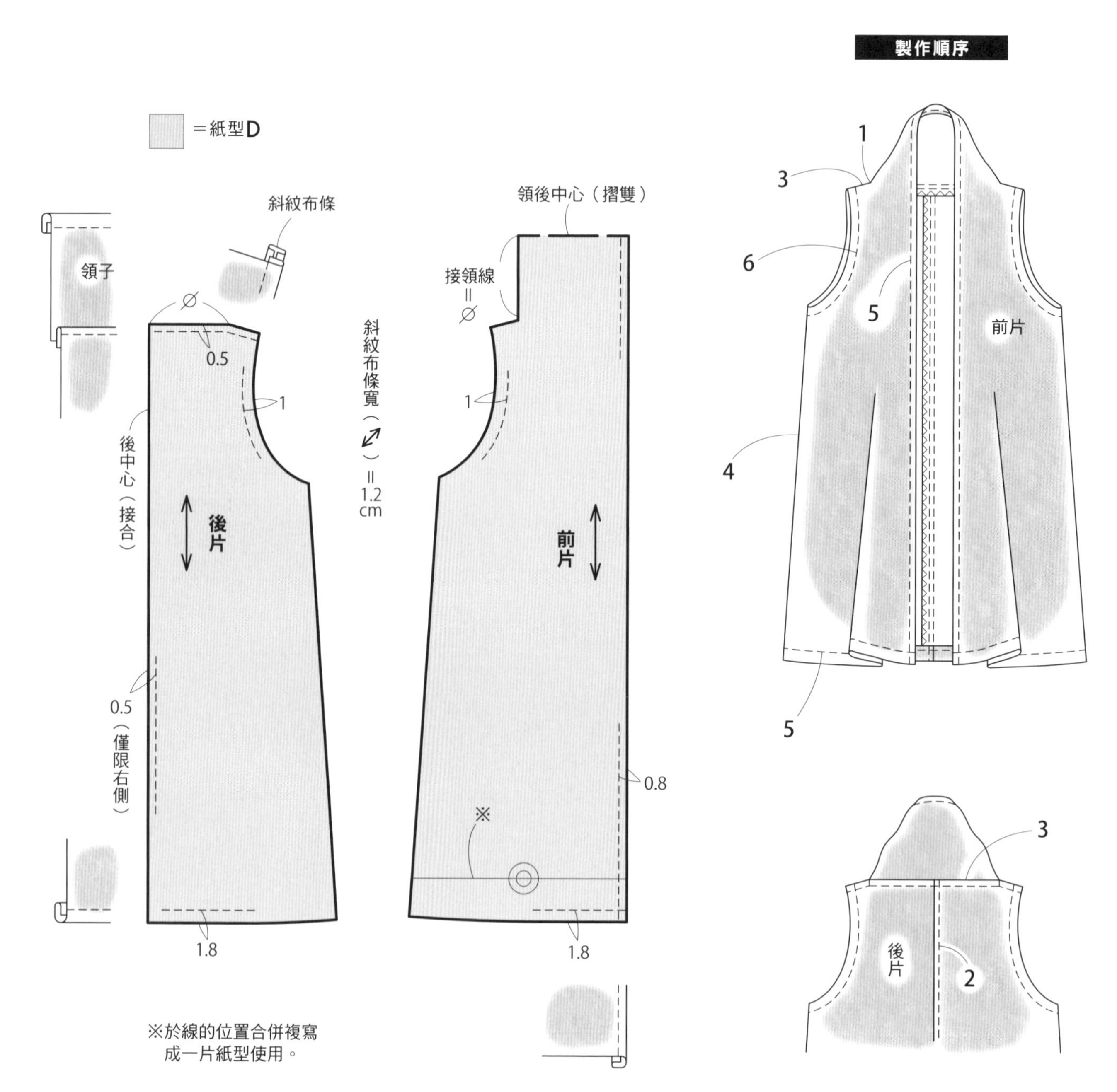

作法

1 前衣身的邊角貼上黏著襯 **2** 車縫後中心 **3** 車縫縫肩線至接領線

◆1至3的作法圖參照P.53・54

4 車縫脇線

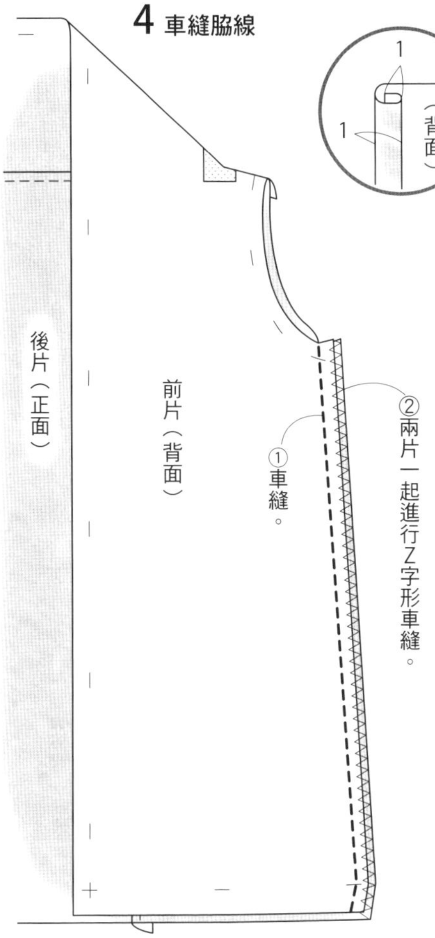

後片（正面）
前片（背面）
①車縫。
②兩片一起進行Z字形車縫。
1
1
（背面）

5 車縫下襬線・前端

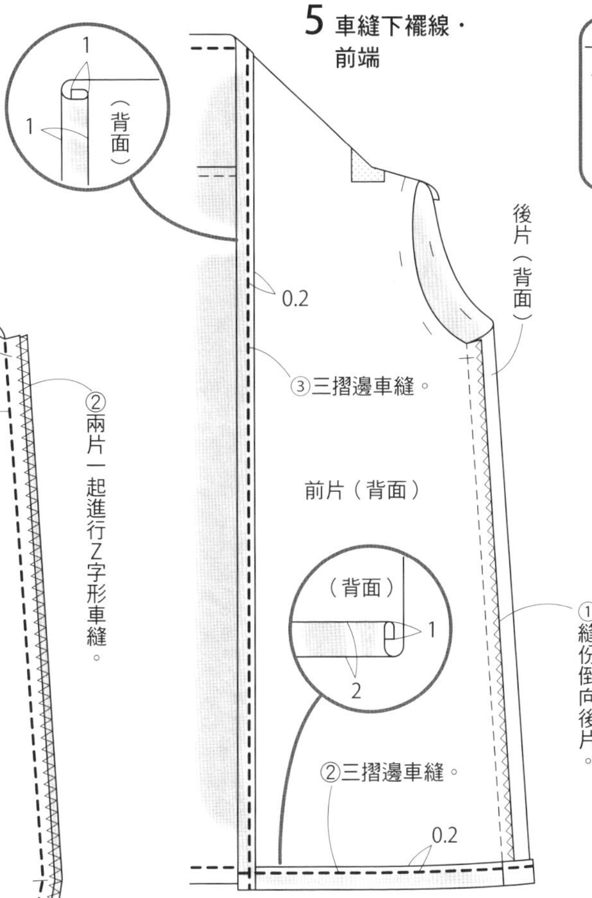

0.2
③三摺邊車縫。
前片（背面）
後片（背面）
①縫份倒向後片。
（背面）
1
2
②三摺邊車縫。
0.2

6 車縫袖襱

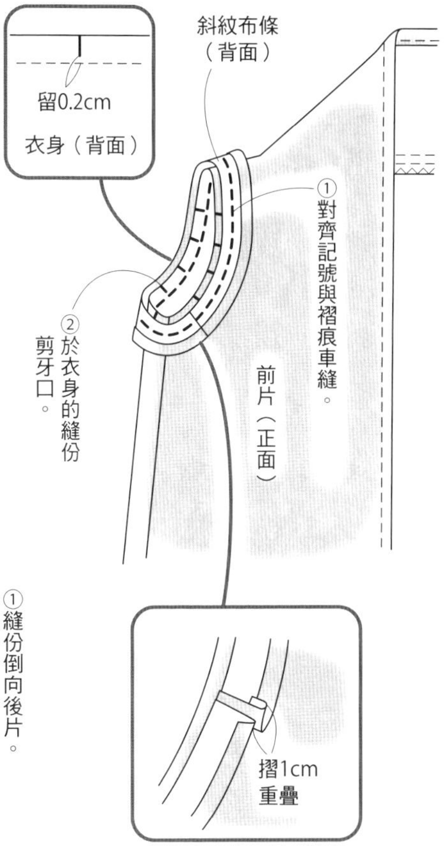

留0.2cm
衣身（背面）
斜紋布條（背面）
①對齊記號與褶痕車縫。
②於衣身的縫份剪牙口。
前片（正面）
摺1cm重疊

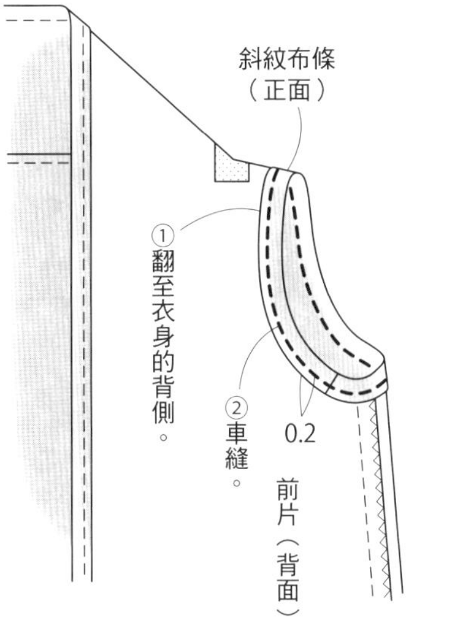

斜紋布條（正面）
①翻至衣身的背側。
②車縫。
0.2
前片（背面）

完成

表布的裁布圖

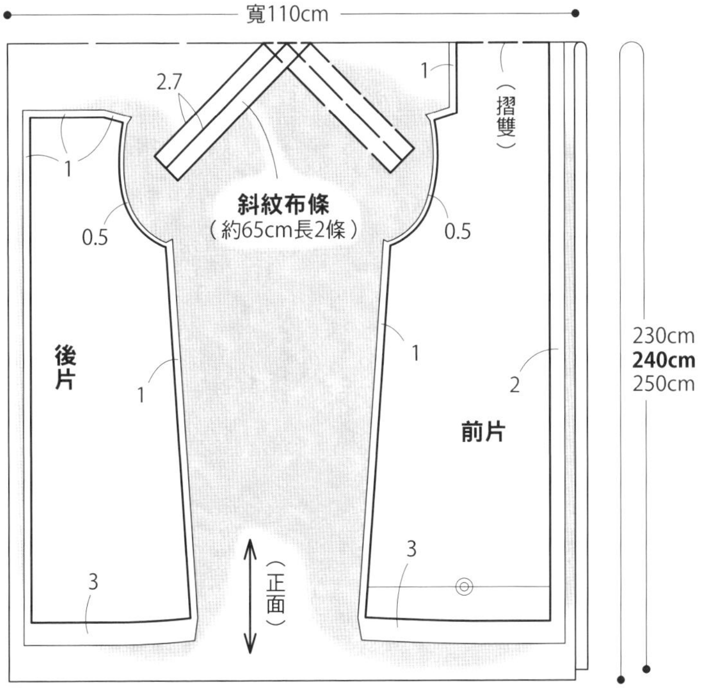

寬110cm
2.7
1
（摺雙）
1
斜紋布條
（約65cm長2條）
0.5
0.5
後片
1
1
2
前片
3
3
（正面）
230cm
240cm
250cm

＊**斜紋布條的裁剪寬度**＝完成寬度×2＋0.1至0.5（伸縮份）
＊斜紋布條預留長一點，再依標示尺寸剪去多餘部分。

P.18 **17**　　P.19 **18**

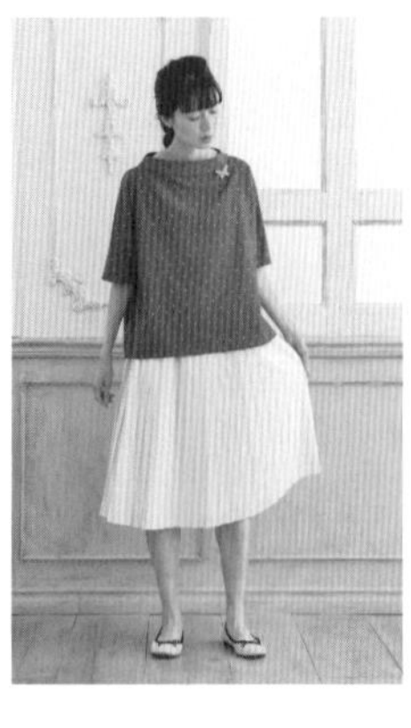

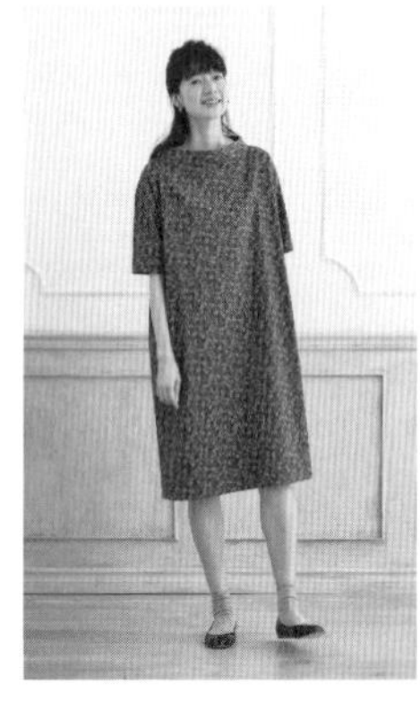

材料 ＼ 尺寸		S	M	L
17表布（棉質青年布）	寬108cm	160cm	170cm	180cm
18表布（viyella woolly cotton）	寬110cm	240cm	250cm	260cm
黏著襯（日本vilene・FV-2）	寬112cm	30cm	30cm	30cm
完成尺寸	**17**總長	55cm	58cm	60cm
	18總長	93cm	98cm	102cm

關於紙型

◆**原寸紙型：**使用B面**E**。

◆**使用部件：**前・後片／前領／後領

＊複寫原寸紙型時，前片與後片分開複寫。

◆**紙型修改方式**

＊**17**是直接使用紙型，**18**是加長衣身長度。

3段數字：
S尺寸
M尺寸
L尺寸
只有1個數字表示3種尺寸通用

製作順序（通用）

表布的裁布圖（通用）

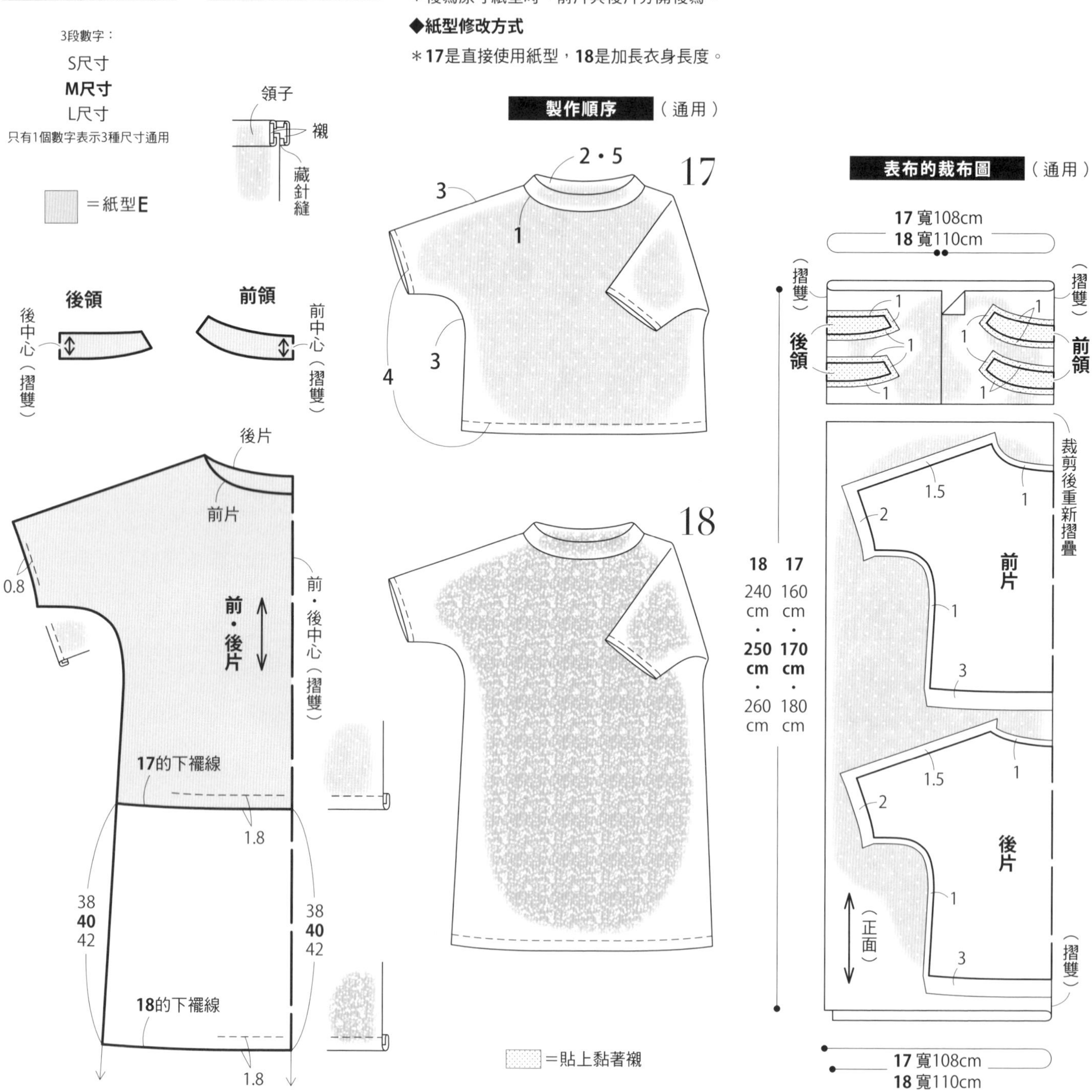

作法（通用）

◆前置作業◆①貼上黏著襯（前領・後領）　②於裁切端進行Z字形車縫（肩線）

1 於衣身接縫表領
（後片的作法相同）

2 製作裡領

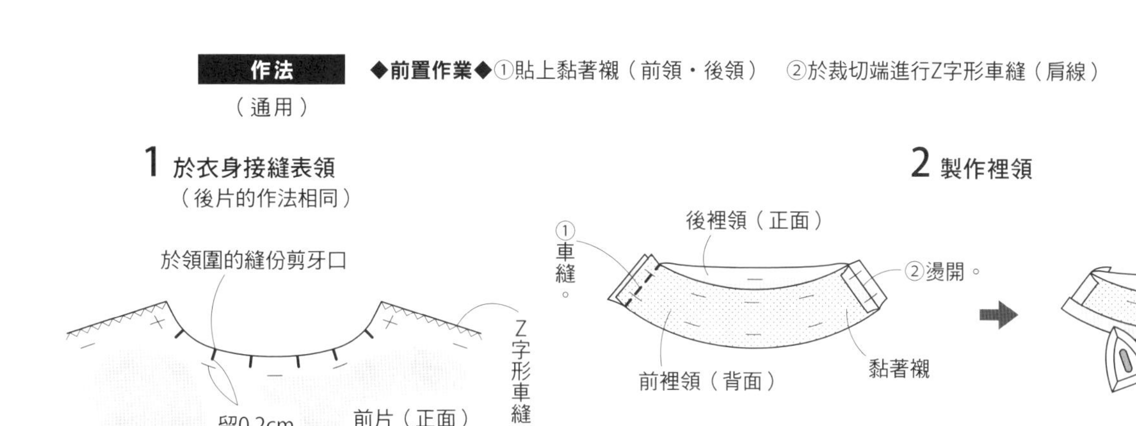

3 車縫肩線&脇線

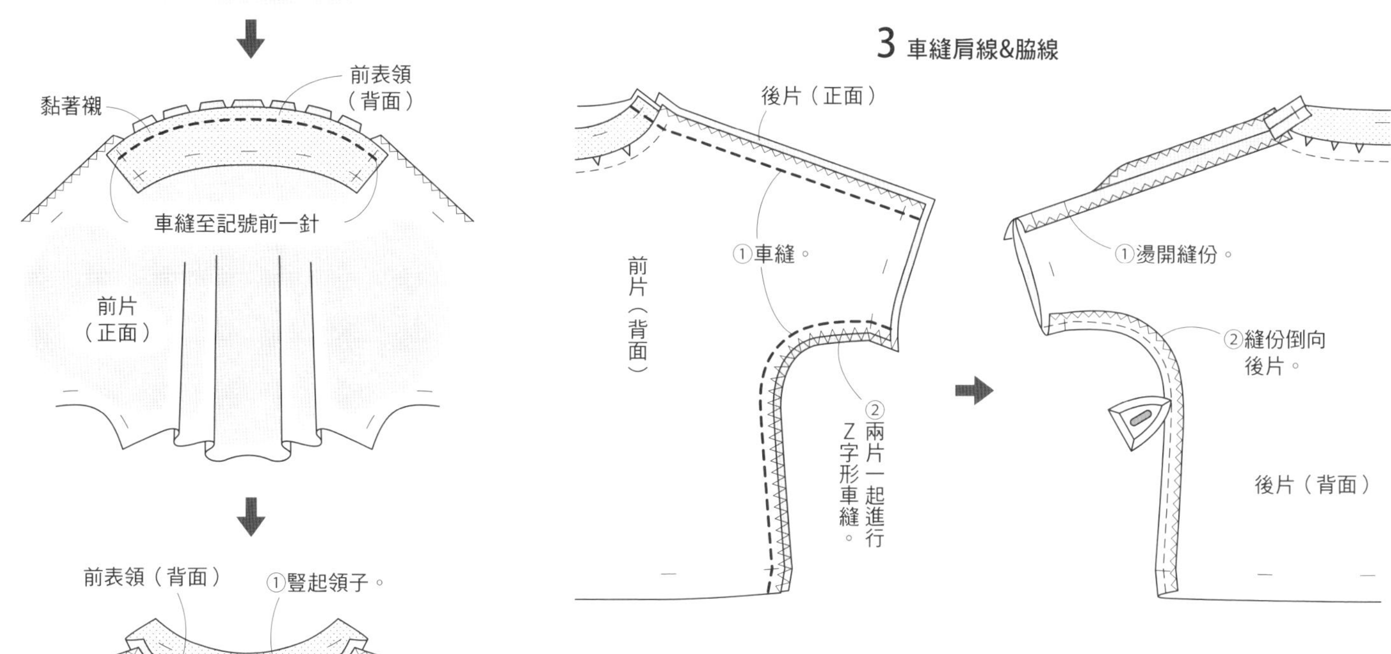

4 車縫袖口&下襬線

5 接縫裡領

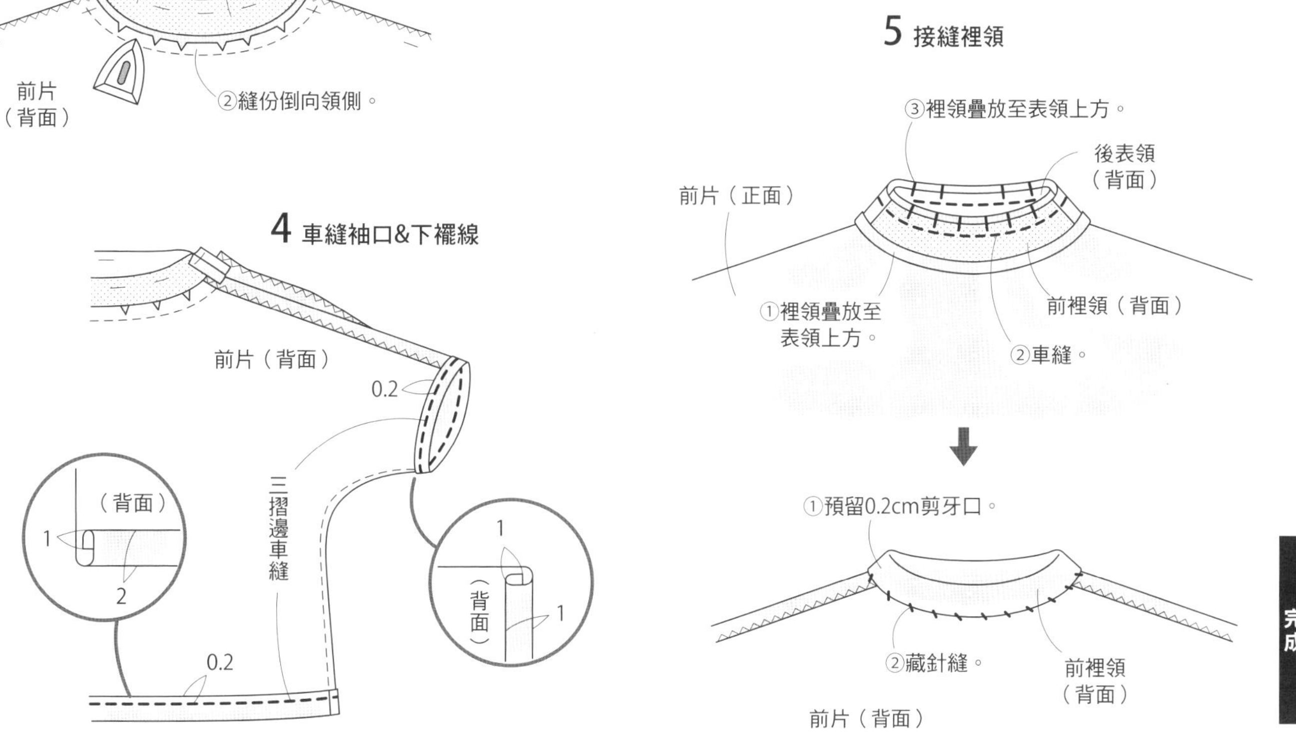

完成

19

材料 尺寸		S	M	L
表布（棉麻斜織布）	寬110cm	250cm	260cm	270cm
黏著襯（日本vilene・FV-2）	寬112cm	40cm	40cm	40cm
完成尺寸	總長	100cm	105cm	109cm

3段數字：
S尺寸
M尺寸
L尺寸
只有1個數字表示3種尺寸通用

關於紙型

◆原寸紙型：使用A面**F**。

◆使用部件：前・後片／前貼邊／後貼邊

＊複寫原寸紙型時，前片與後片分開複寫。

＊斜紋布條為直線縫，直接在布上作記號後裁剪。

◆紙型修改方式

＊加長衣身長度。

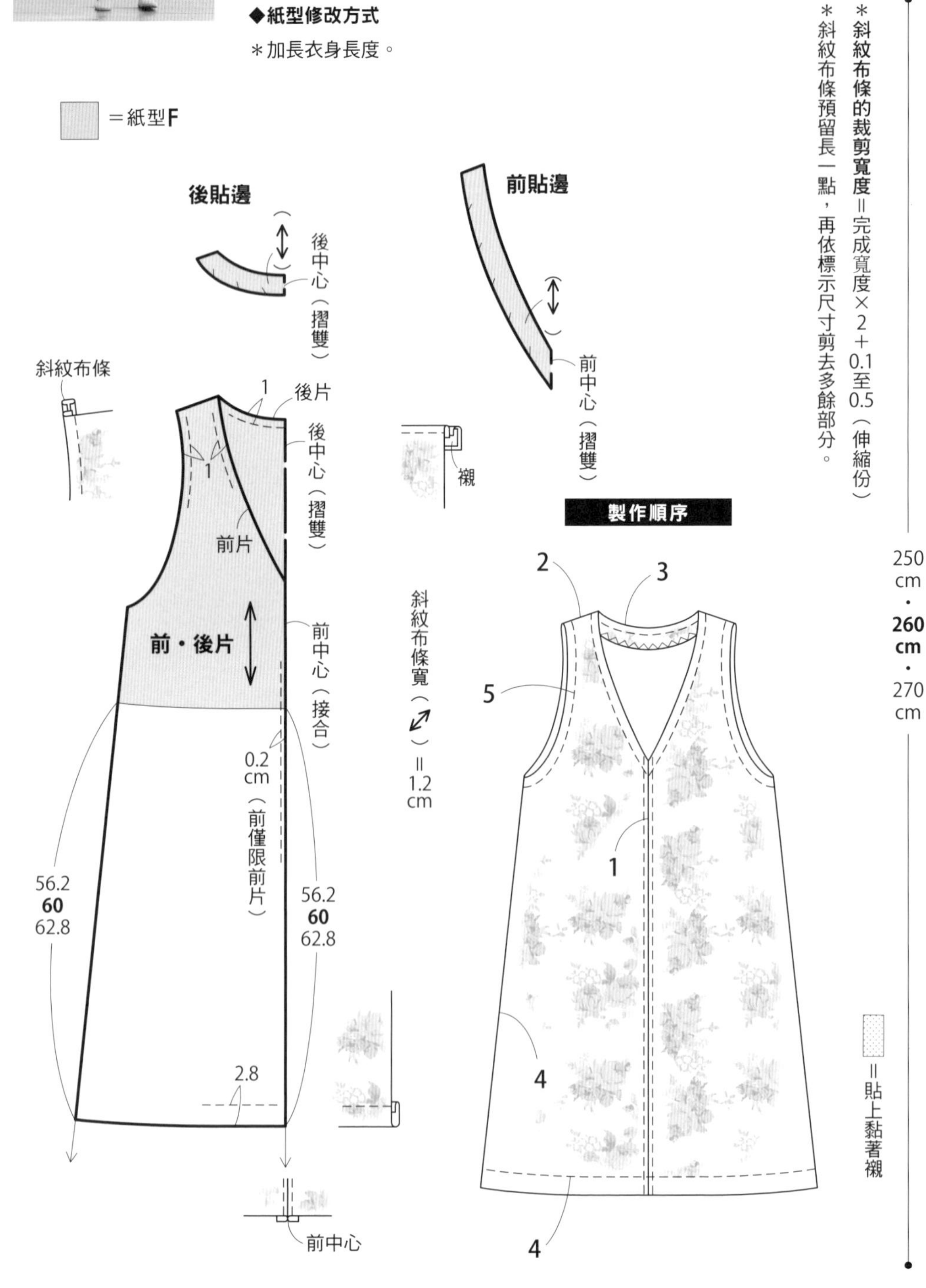

表布的裁布圖

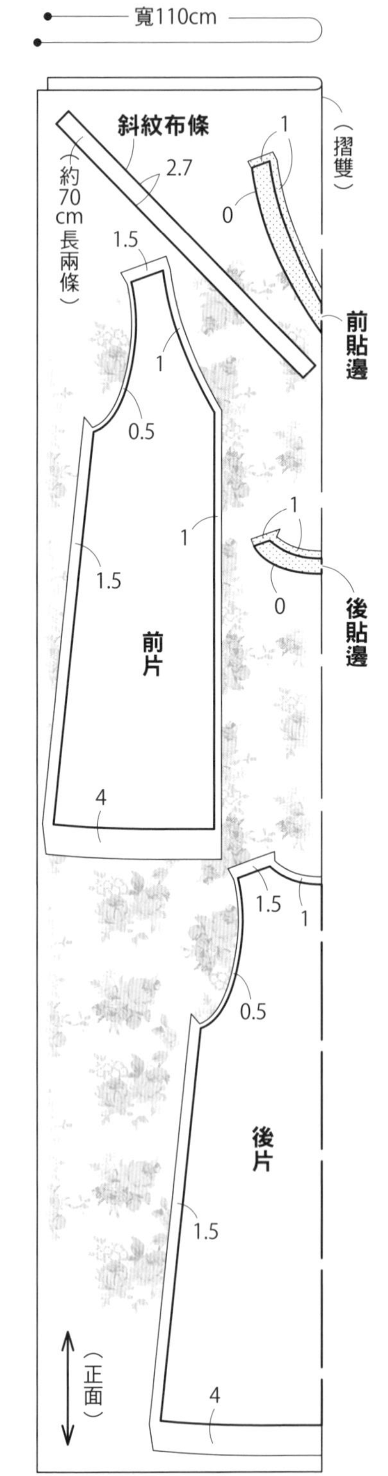

＊斜紋布條的裁剪寬度＝完成寬度×2＋0.1至0.5（伸縮份）

＊斜紋布條預留長一點，再依標示尺寸剪去多餘部分。

＝貼上黏著襯

作法　◆前置作業◆①貼上黏著襯（前貼邊・後貼邊）　②於裁切端進行Z字形車縫（前中心・肩線・脇線）

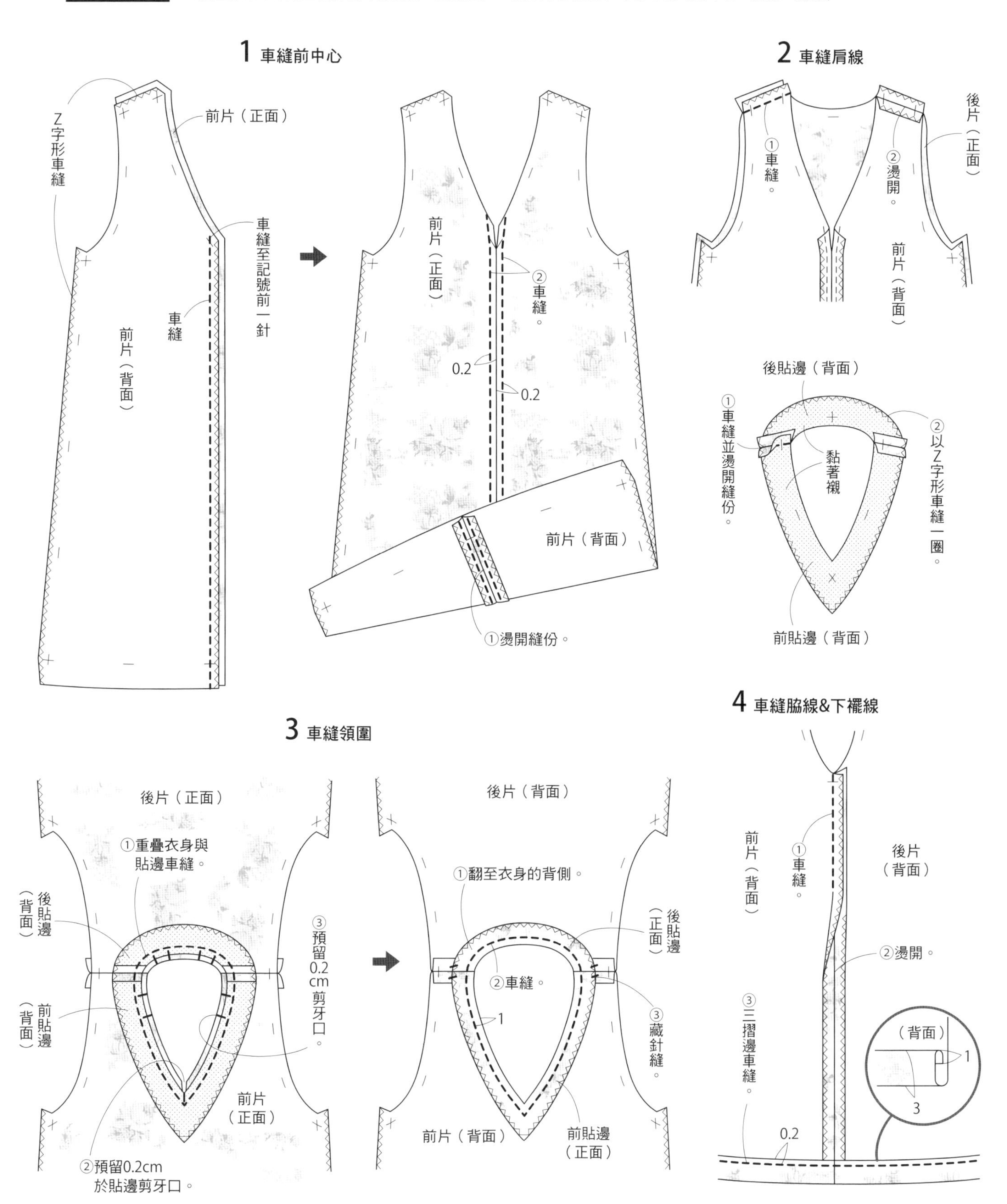

5 車縫袖襱（參照P.65）

完成

P.21 20

材料　　　　　　　　　尺寸	S	M	L
表布（棉亞麻起毛布）　寬106cm	250cm	260cm	270cm
黏著襯（日本vilene・FV-2）　寬112cm	40cm	40cm	40cm
完成尺寸　總長	100cm	105cm	109cm

3段數字：
S尺寸
M尺寸
L尺寸
只有1個數字表示3種尺寸通用

關於紙型

◆**原寸紙型**：使用A面**F**。
◆**使用部件**：前・後片／裙片／前貼邊／後貼邊
＊複寫原寸紙型時，前片與後片分開複寫。
＊斜紋布條為直線縫，直接在布上作記號後裁剪。

＝紙型F

後貼邊　後中心（摺雙）
前貼邊　前中心（摺雙）
斜紋布條寬（↗）＝1.2cm

斜紋布條

前・後片　後片　後中心（摺雙）　前片　前中心（接合）　1　0.2

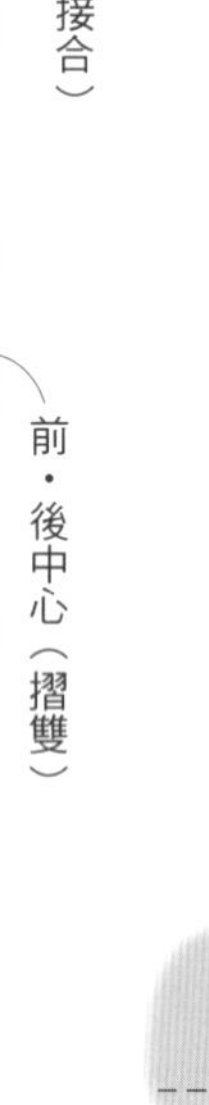

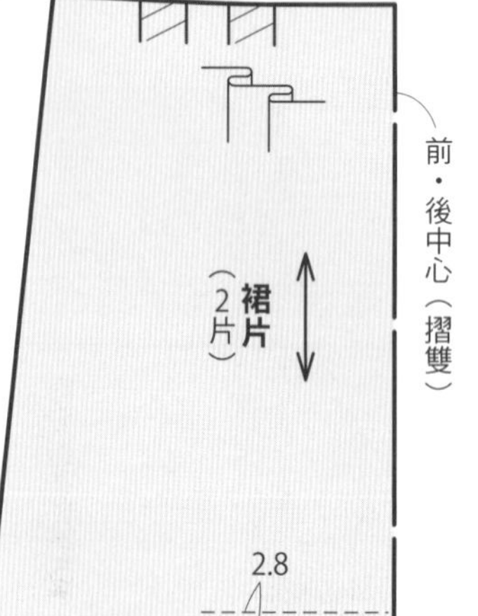

製作順序

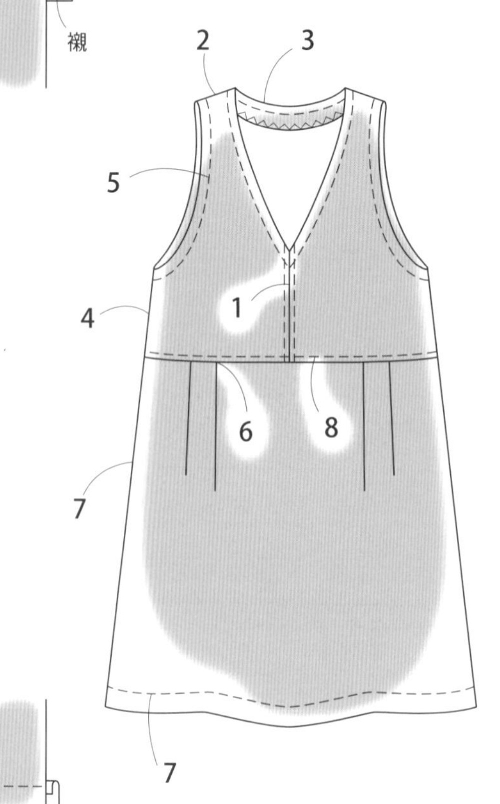

＊斜紋布條預留長一點，再依標示尺寸剪去多餘部分。
＊斜紋布條的裁剪寬度＝完成寬度×2＋0.1至0.5（伸縮份）

表布的裁布圖

寬106cm
＝貼上黏著襯
250cm・**260cm**・270cm
前貼邊　前片　後貼邊　後片　斜紋布條（約70cm長2條）　裙片　裙片　（摺雙）　（正面）

作法　◆前置作業◆①貼上黏著襯（前貼邊・後貼邊）
②進行Z字形車縫（前中心・肩線・衣身脇線・裙片脇線）

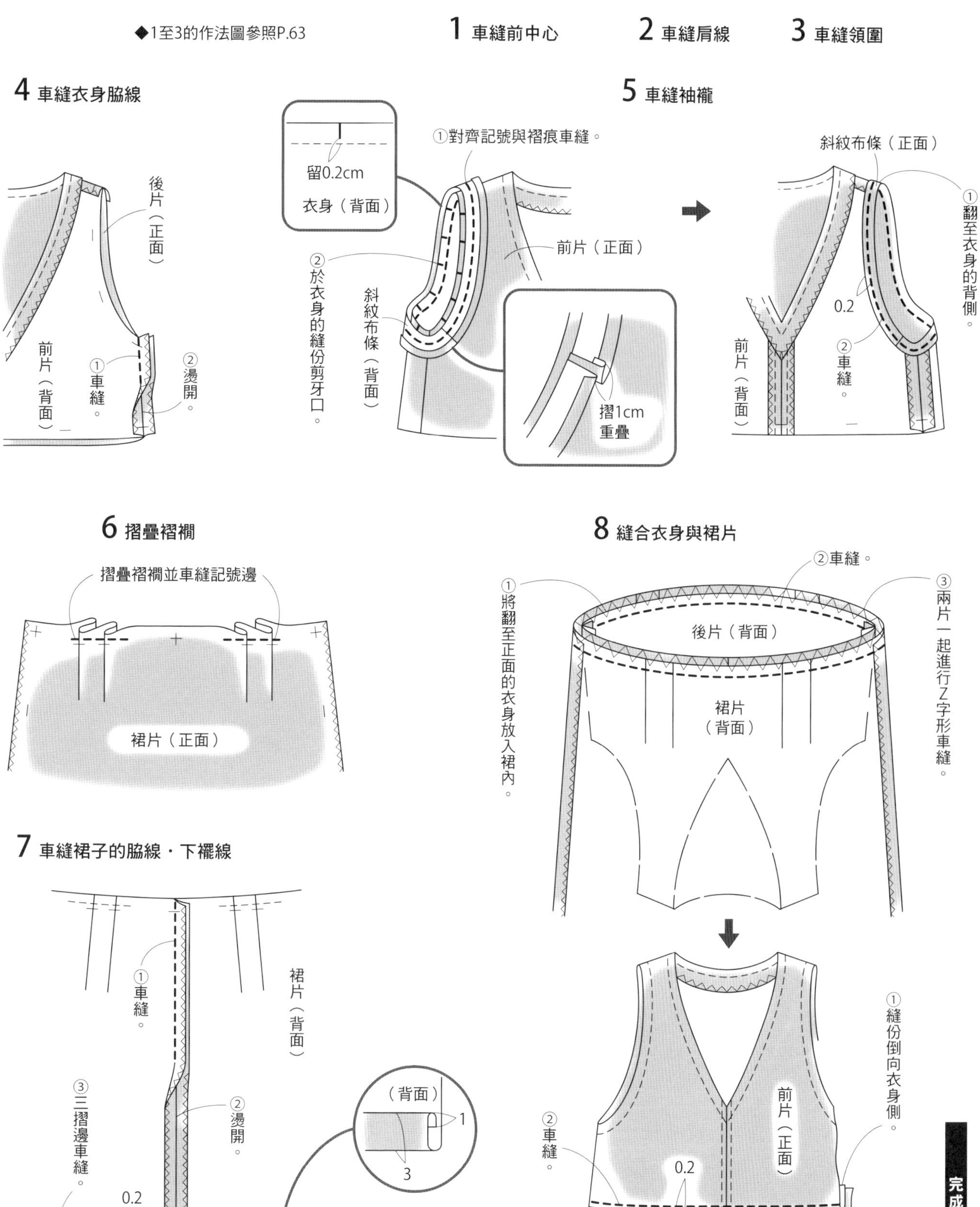

P.22 21

材料　　　　　　　　　　　　　尺寸		S	M	L
表布（棉麻先染格紋布）	寬116cm	190cm	200cm	210cm
鬆緊帶	寬30mm	70cm	75cm	80cm
完成尺寸	褲長	78cm	81cm	84cm

3段數字：
S尺寸
M尺寸
L尺寸
只有1個數字表示3種尺寸通用

關於紙型

◆**原寸紙型**：使用B面G。

◆**使用部件**：前・後褲管

＊由於前・後片的紙型分成兩片，請合併紙型複寫成一片使用。

＊紙型合併方式＊

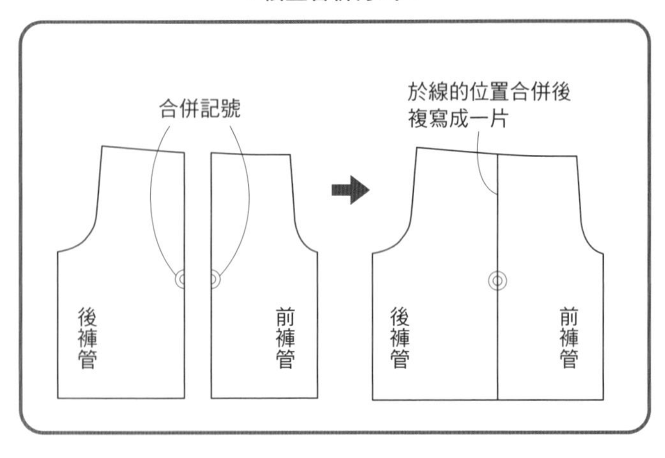

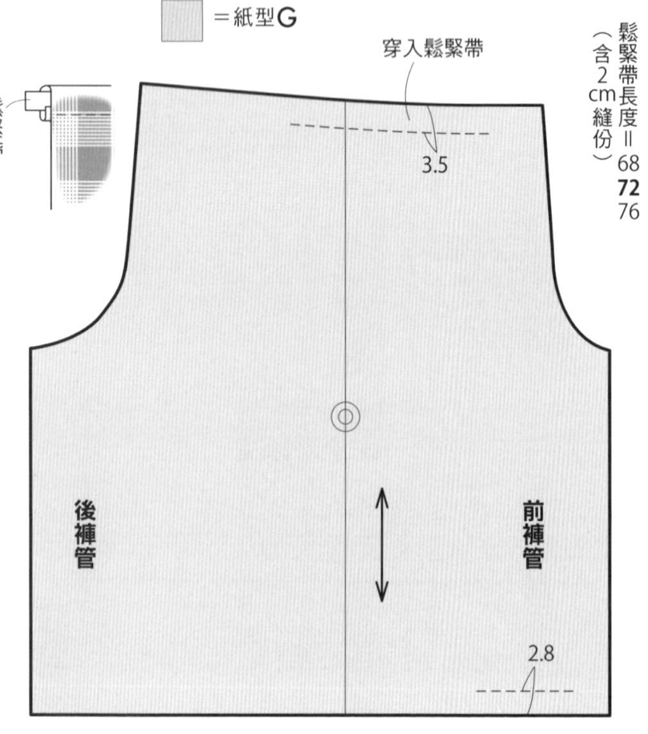

表布的裁布圖

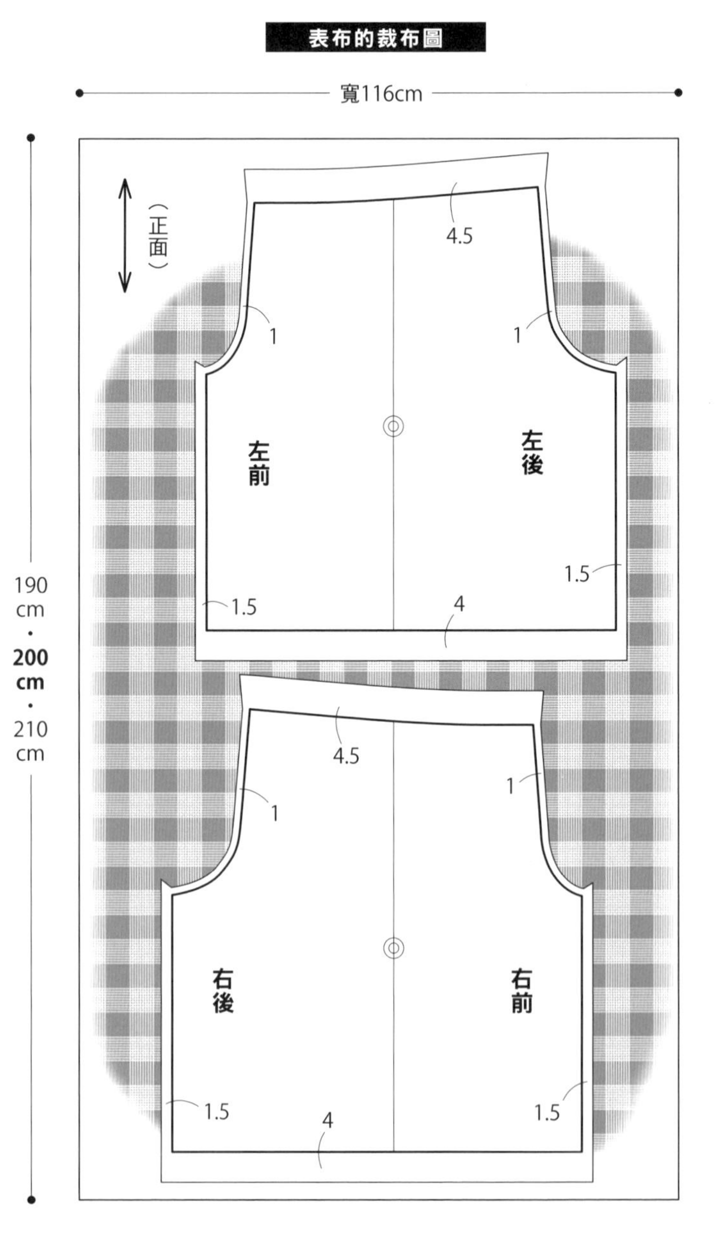

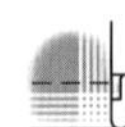

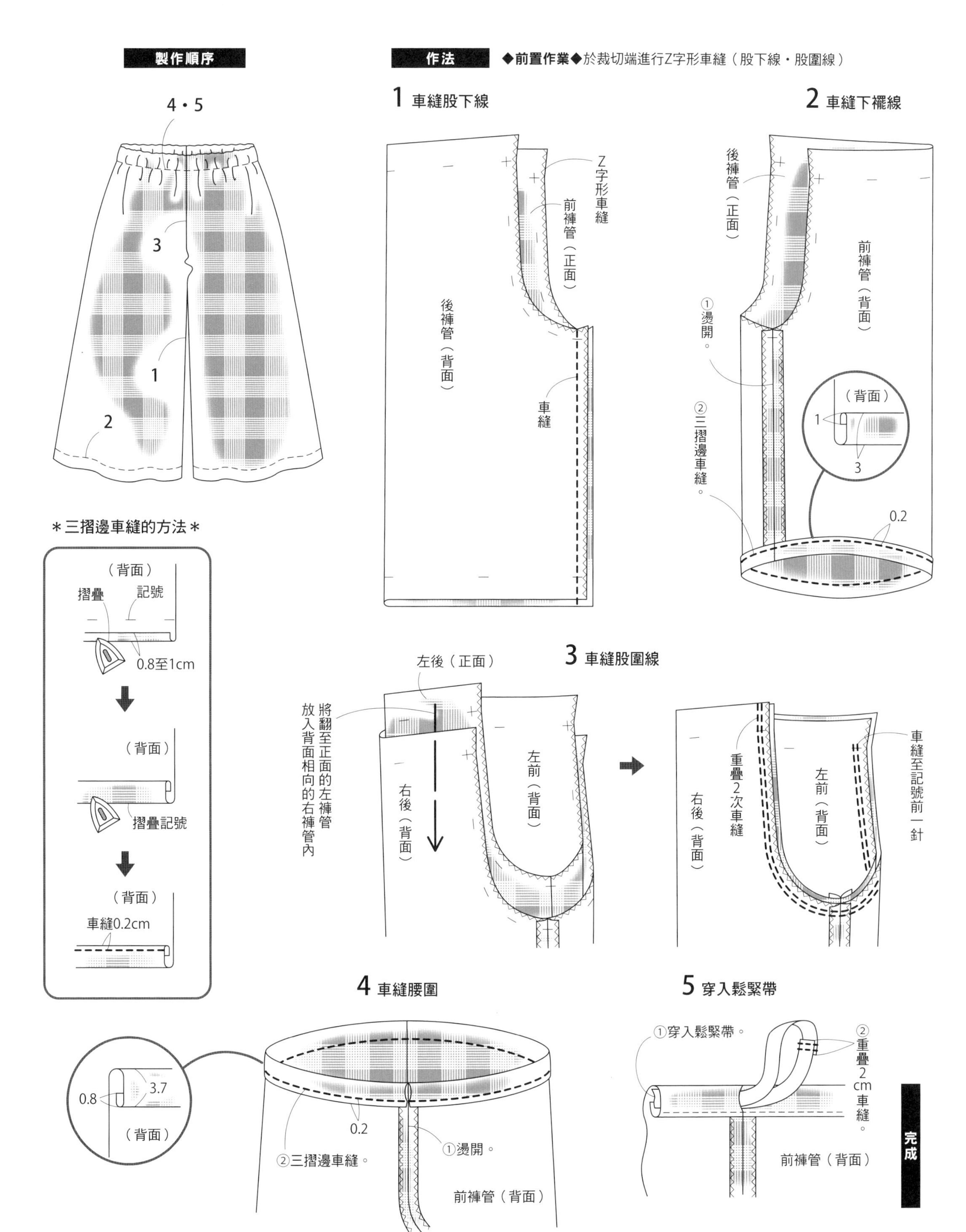
製作順序
4・5
3
1
2
＊三摺邊車縫的方法＊
（背面）
摺疊
記號
0.8至1cm
（背面）
摺疊記號
（背面）
車縫0.2cm
作法
◆前置作業◆於裁切端進行Z字形車縫（股下線・股圍線）
1 車縫股下線
Z字形車縫
前褲管（正面）
後褲管（背面）
車縫
2 車縫下襬線
後褲管（正面）
前褲管（背面）
①燙開。
②三摺邊車縫。
（背面）
1
3
0.2
3 車縫股圍線
左後（正面）
將翻至正面的左褲管放入背面相向的右褲管內
右後（背面）
左前（背面）
重疊2次車縫
車縫至記號前一針
4 車縫腰圍
3.7
0.8
（背面）
0.2
②三摺邊車縫。
①燙開。
前褲管（背面）
5 穿入鬆緊帶
①穿入鬆緊帶。
②重疊2cm車縫。
前褲管（背面）
完成

P.23 22

材料　　　　　　尺寸	S	M	L
表布（亞麻）　寬140cm	190cm	200cm	210cm
完成尺寸　裙長	75.5cm	80cm	83.5cm

3段數字：
S尺寸
M尺寸
L尺寸
只有1個數字表示3種尺寸通用

關於紙型

＊本作品為直線縫，直接在布上作記號後裁剪。

製作順序

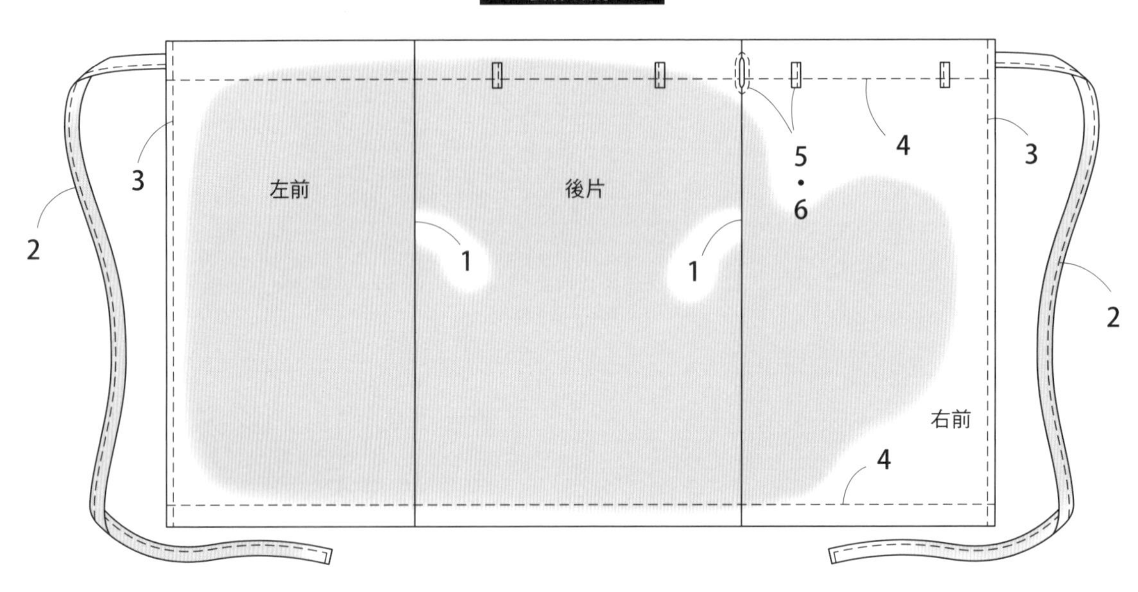

作法 ◆**前置作業**◆於裁切端進行Z字形車縫（脇線）

1 車縫脇線

2 製作綁繩

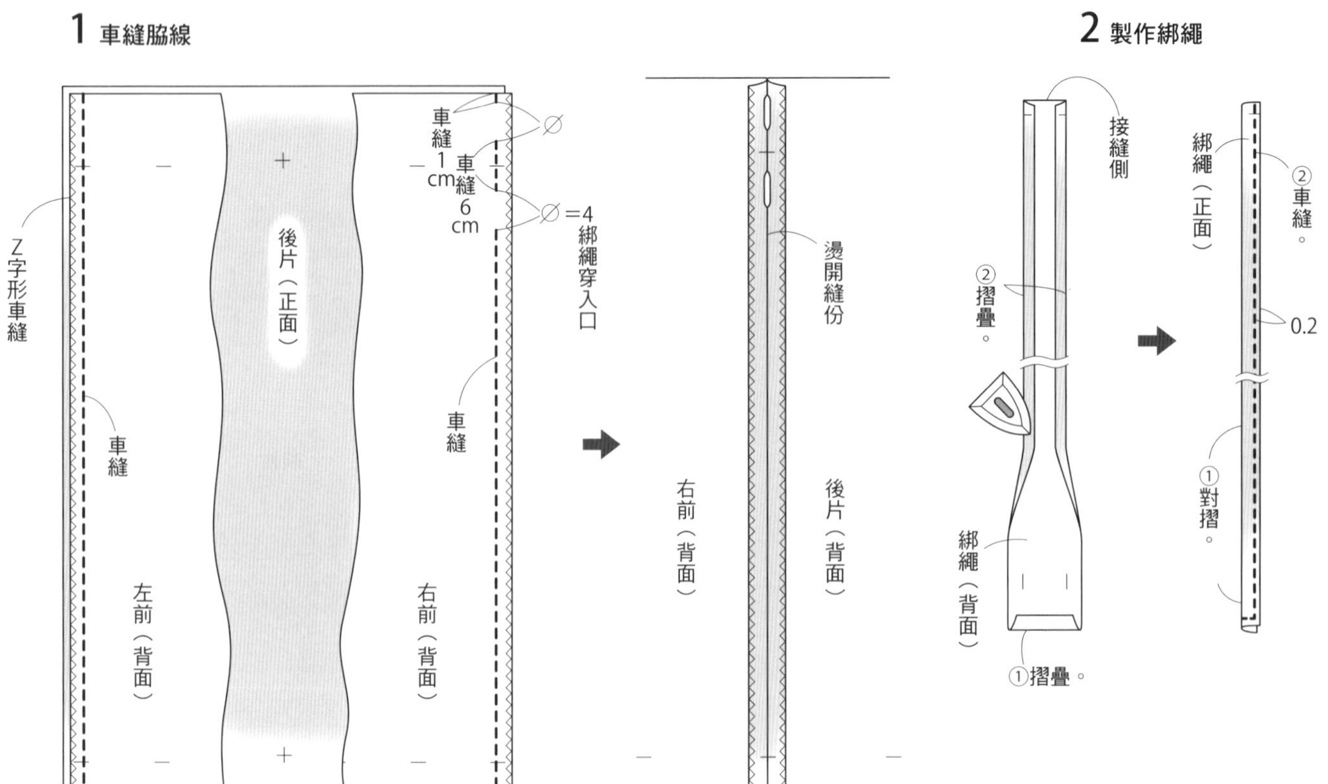

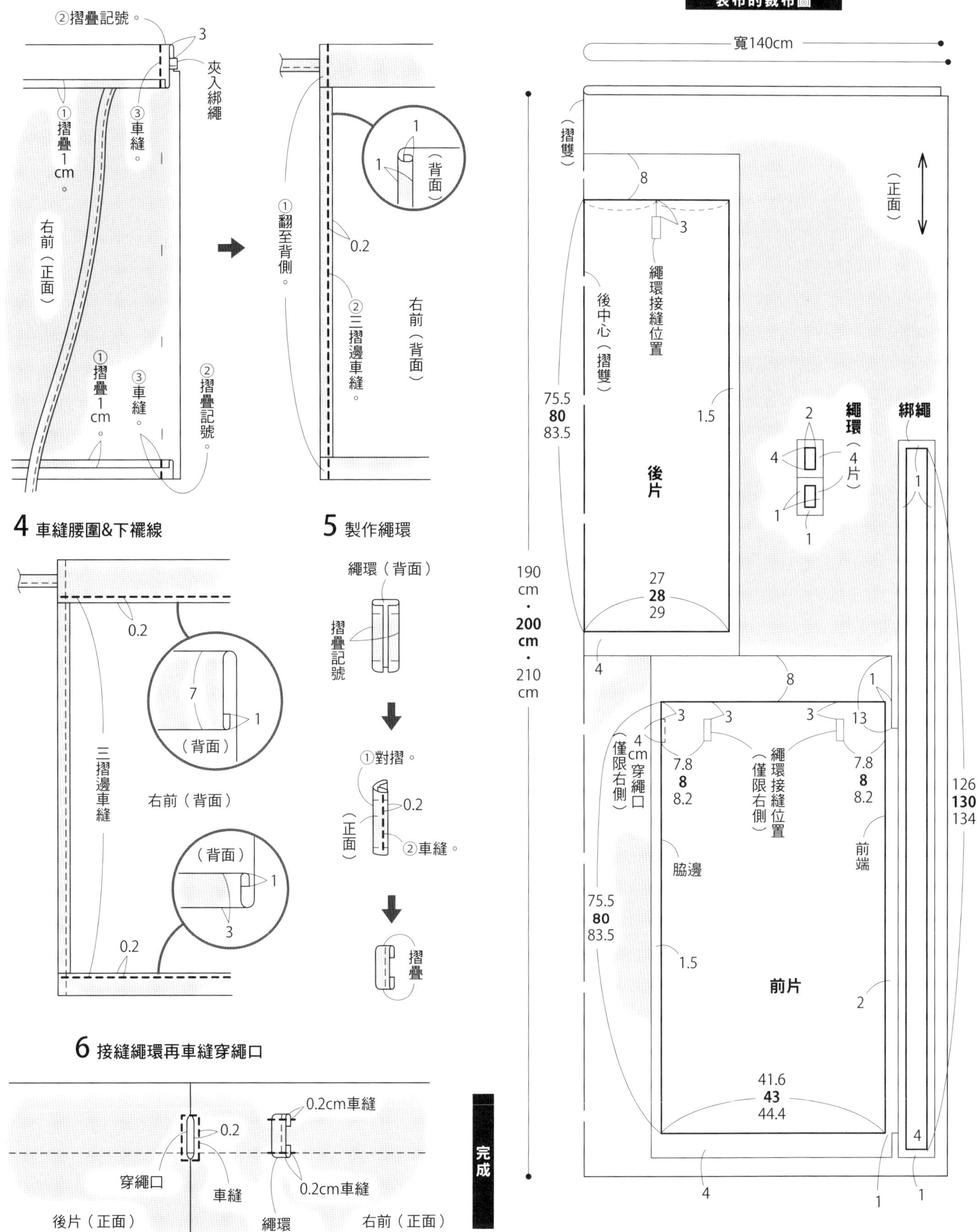
3 夾入綁繩車縫前端（左前的作法相同）
②摺疊記號。
3
夾入綁繩
①摺疊1cm。
③車縫。
右前（正面）
①摺疊1cm。
③車縫。
②摺疊記號。
1
1
（背面）
①翻至背側。
0.2
②三摺邊車縫。
右前（背面）
4 車縫腰圍&下襬線
0.2
7
1
（背面）
三摺邊車縫
右前（背面）
（背面）
1
3
0.2
5 製作繩環
繩環（背面）
摺疊記號
①對摺。
0.2
（正面）
②車縫。
摺疊
6 接縫繩環再車縫穿繩口
0.2cm車縫
0.2
穿繩口
車縫
0.2cm車縫
後片（正面）
繩環
右前（正面）
完成
表布的裁布圖
寬140cm
（摺雙）
（正面）
8
3
繩環接縫位置
後中心（摺雙）
75.5
80
83.5
1.5
後片
繩環（4片）
2
4
1
1
綁繩
1
190cm・200cm・210cm
27
28
29
4
8
1
3
3
3
13
4cm穿繩口（僅限右側）
7.8
8
8.2
繩環接縫位置（僅限右側）
7.8
8
8.2
126
130
134
前端
脇邊
75.5
80
83.5
1.5
前片
2
41.6
43
44.4
4
4
1
1

25

材料 尺寸		S	M	L
表布（棉質沙典布）	寬110cm	170cm	180cm	190cm
鬆緊帶	寬40mm	70cm	75cm	80cm
完成尺寸	裙長	67.5cm	72cm	75.5cm

3段數字：
S尺寸
M尺寸
L尺寸
只有1個數字表示3種尺寸通用

關於紙型

◆原寸紙型：使用B面Ⅰ。

◆使用部件：前・後裙片／腰帶

◆紙型修改方式

＊加長裙子長度。

＊在腰帶與裙片加入合印記號。

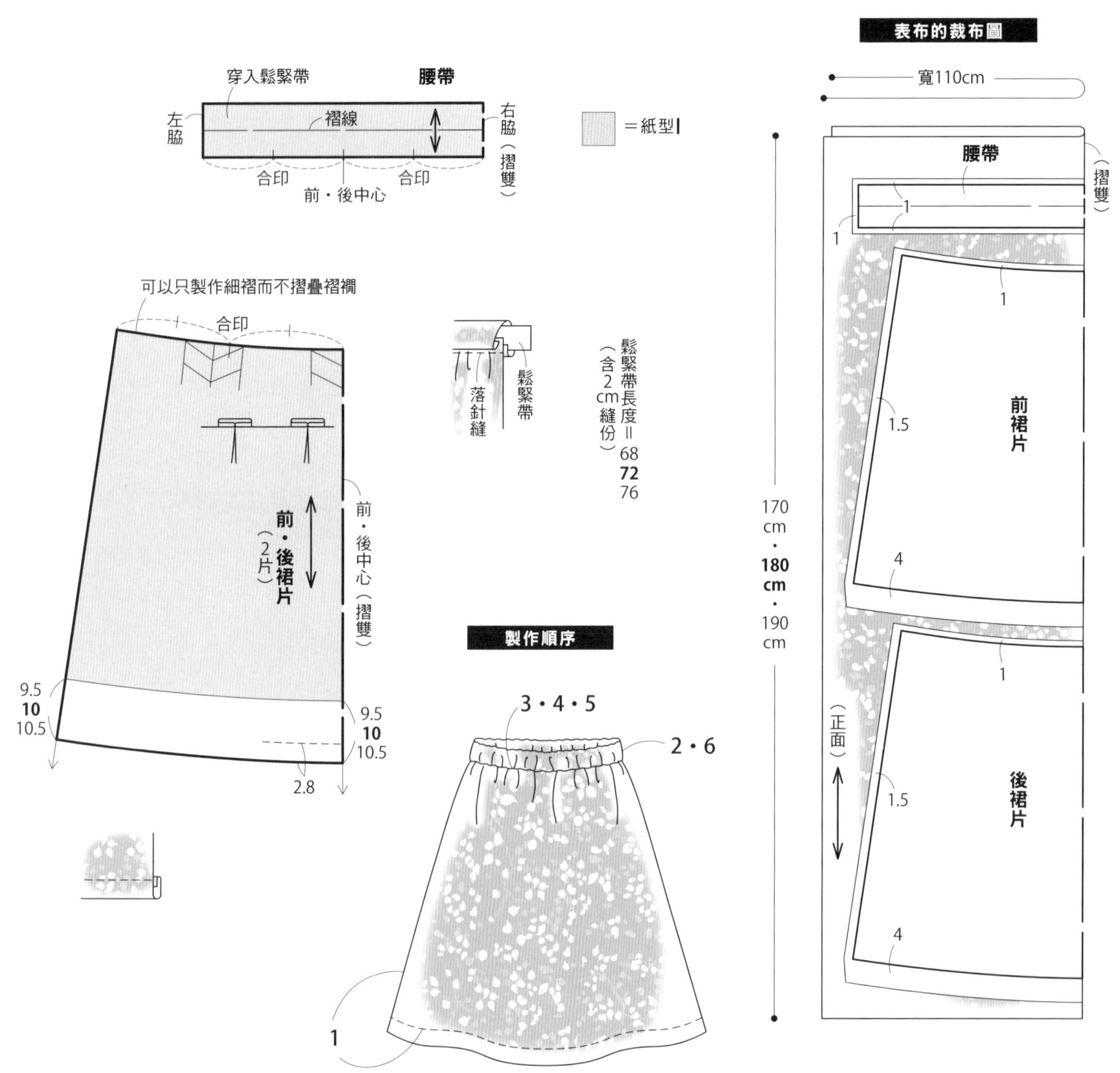

作法 ◆**前置作業**◆於裁切端進行Z字形車縫（脇線）

1 車縫脇線&下襬線

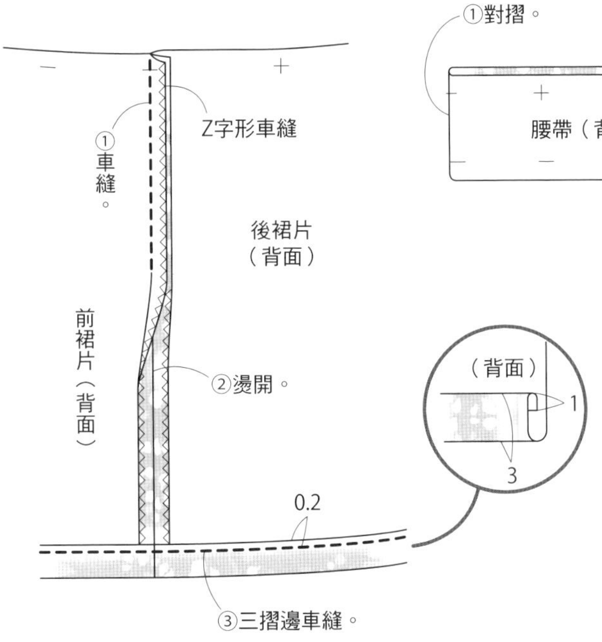

2 製作腰帶

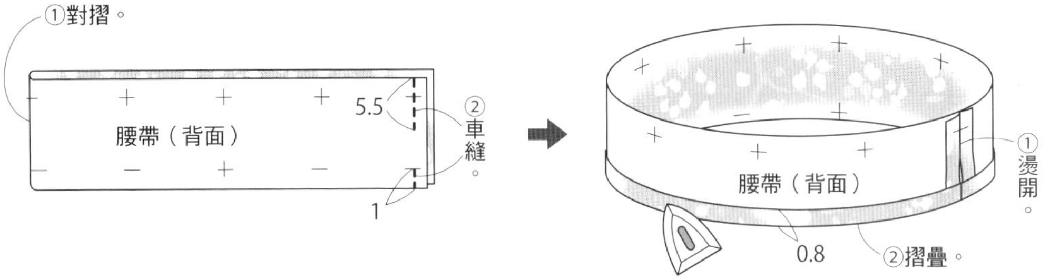

3 製作細褶車縫

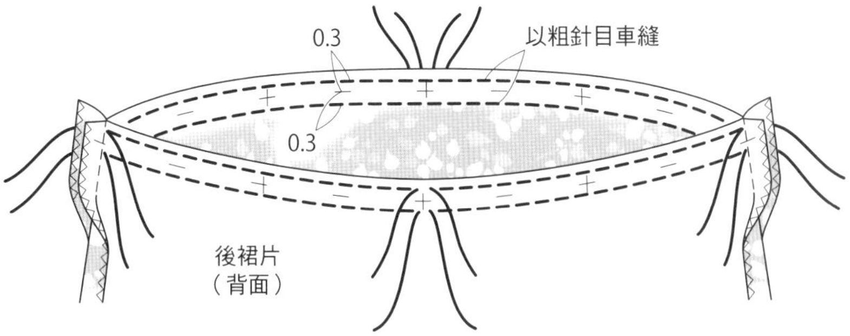

4 以珠針固定裙片與腰帶

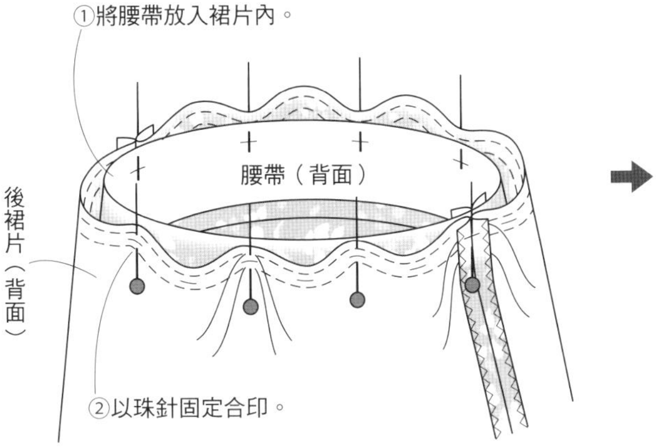

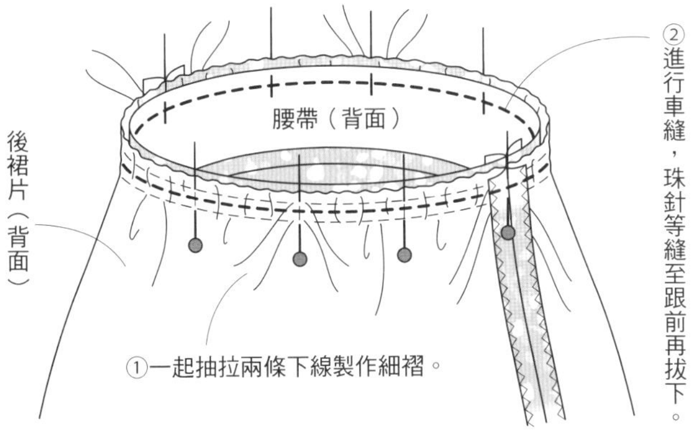

5 沿著針腳落針縫

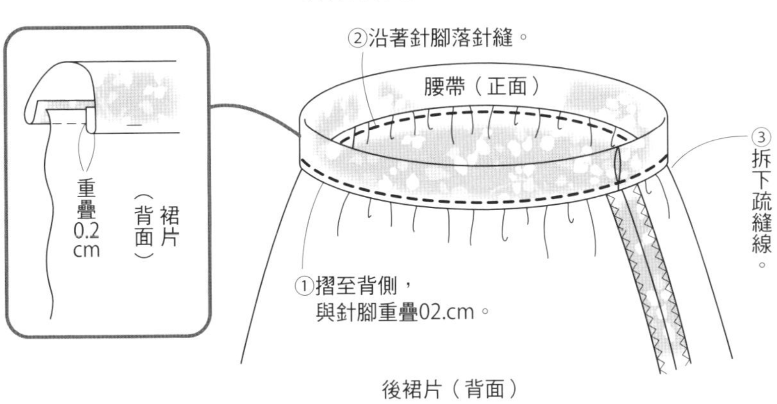

6 穿入鬆緊帶

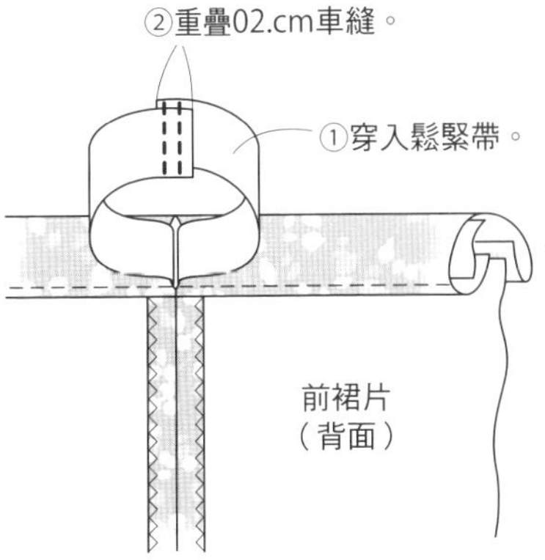

完成

 26

材料 尺寸		S	M	L
表布（棉質typewriter布）	寬110cm	150cm	160cm	170cm
鬆緊帶	寬40mm	70cm	75cm	80cm
完成尺寸	裙長	58cm	62cm	65cm

3段數字：
S尺寸
M尺寸
L尺寸
只有1個數字表示3種尺寸通用

關於紙型

◆**原寸紙型**：使用B面Ⅰ。
◆**使用部件**：前・後裙片／腰帶

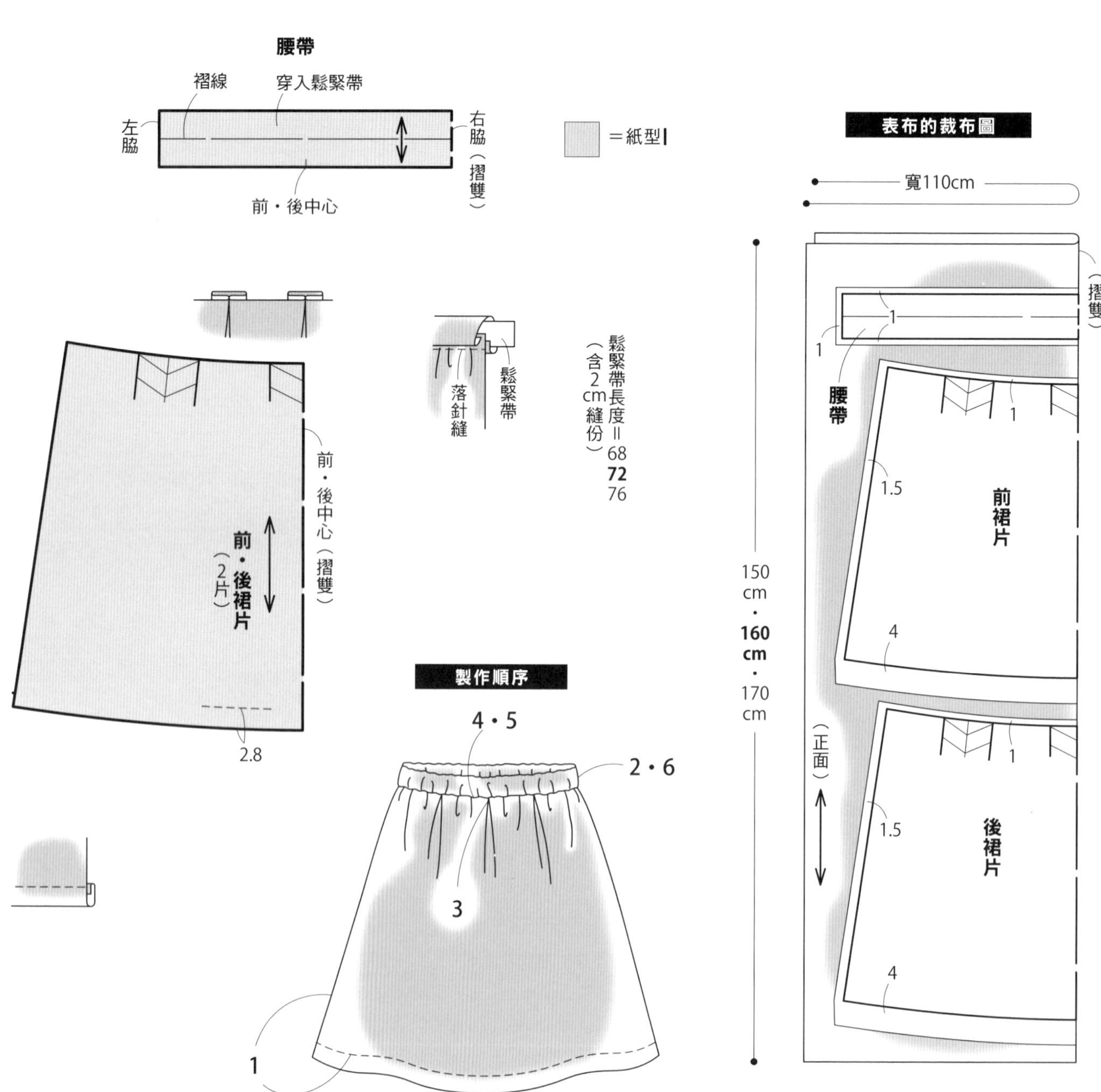

作法　◆**前置作業**◆於裁切端進行Z字形車縫（脇線）

1 車縫脇線&下襬線

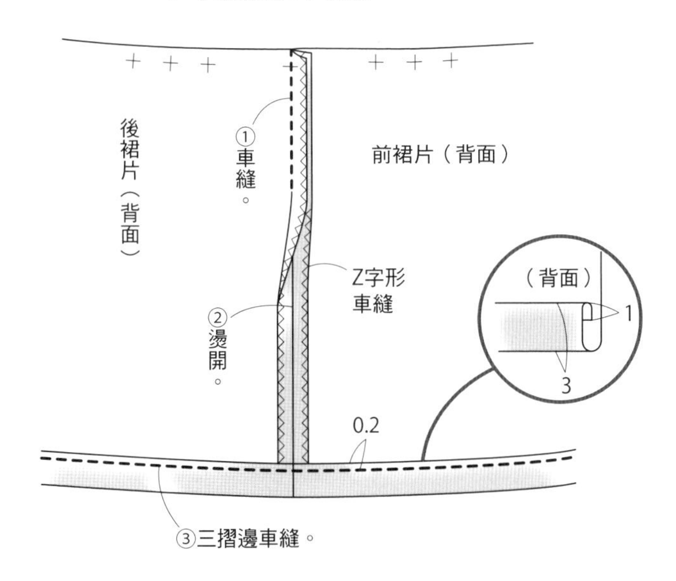

2 製作腰帶

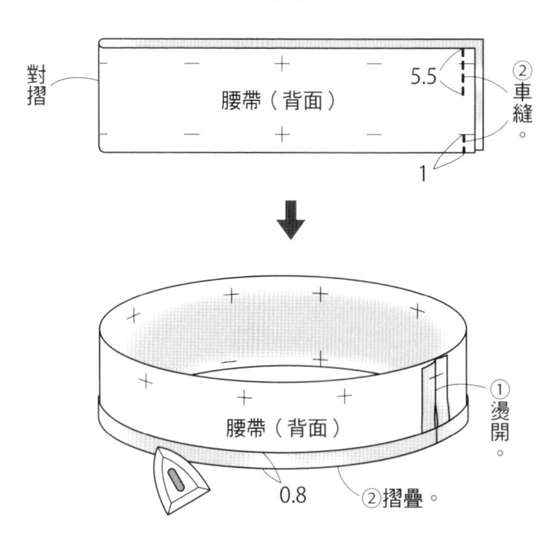

3 摺疊褶襉

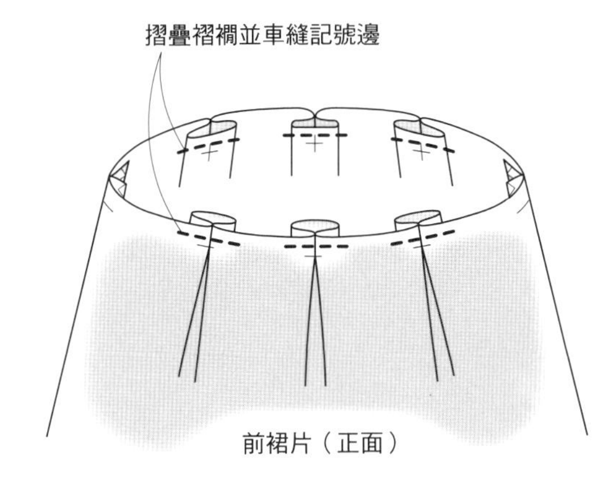

4 縫合裙片與腰帶

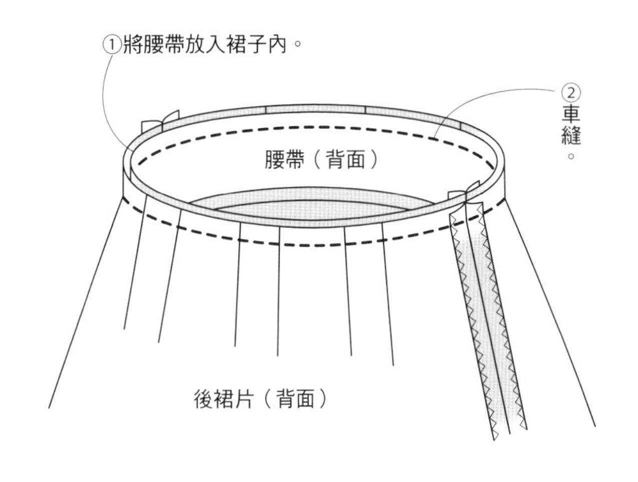

5 從背側摺疊腰帶後車縫固定

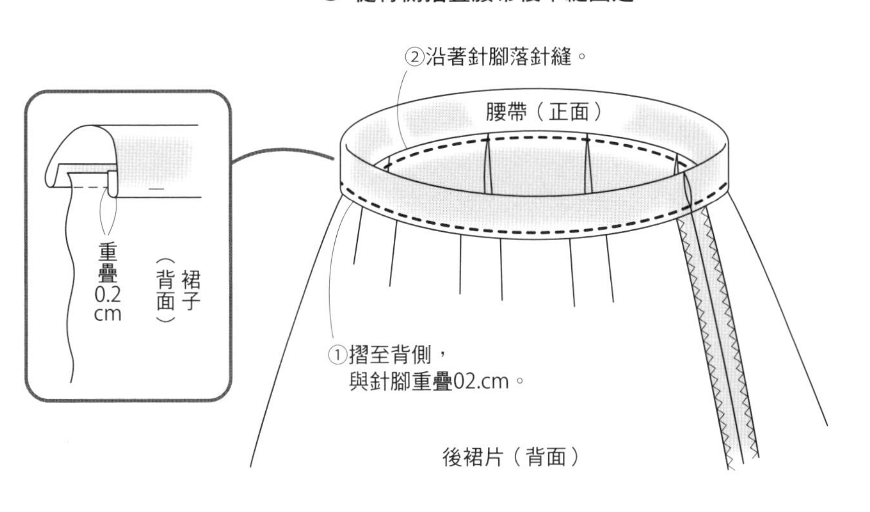

6 穿入鬆緊帶

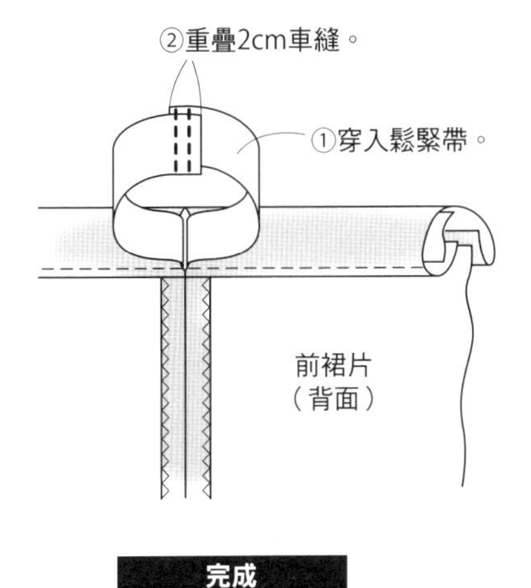

完成

P.30 29　P.32 30

29材料　尺寸		S	M	L
表布（亞麻青年布）	寬144cm	220cm	230cm	240cm
黏著襯（日本vilene・FV-2）	寬112cm	90cm	90cm	1m
鈕釦	直徑12mm	8個	8個	8個
完成尺寸	衣身	90.5cm	95cm	98.5cm

30材料　尺寸		S	M	L
表布（山核桃紋棉布）	寬143cm	160cm	170cm	180cm
黏著襯（日本vilene・FV-2）	寬112cm	60cm	60cm	60cm
鈕釦	直徑15mm	5個	5個	5個
完成尺寸	衣身	57cm	60cm	62cm

關於紙型

◆**原寸紙型**：使用B面K。

◆**使用部件**：前／後片／剪接／袖子／領子

＊**29**的綁繩為直線縫，直接在布上作記號後裁剪。

◆**紙型修改方式**

＊**29**是直接使用紙型。

＊**30**是縮減衣身長度，口袋製圖。

3段數字：
S尺寸
M尺寸
L尺寸
只有1個數字表示3種尺寸通用

＝紙型K

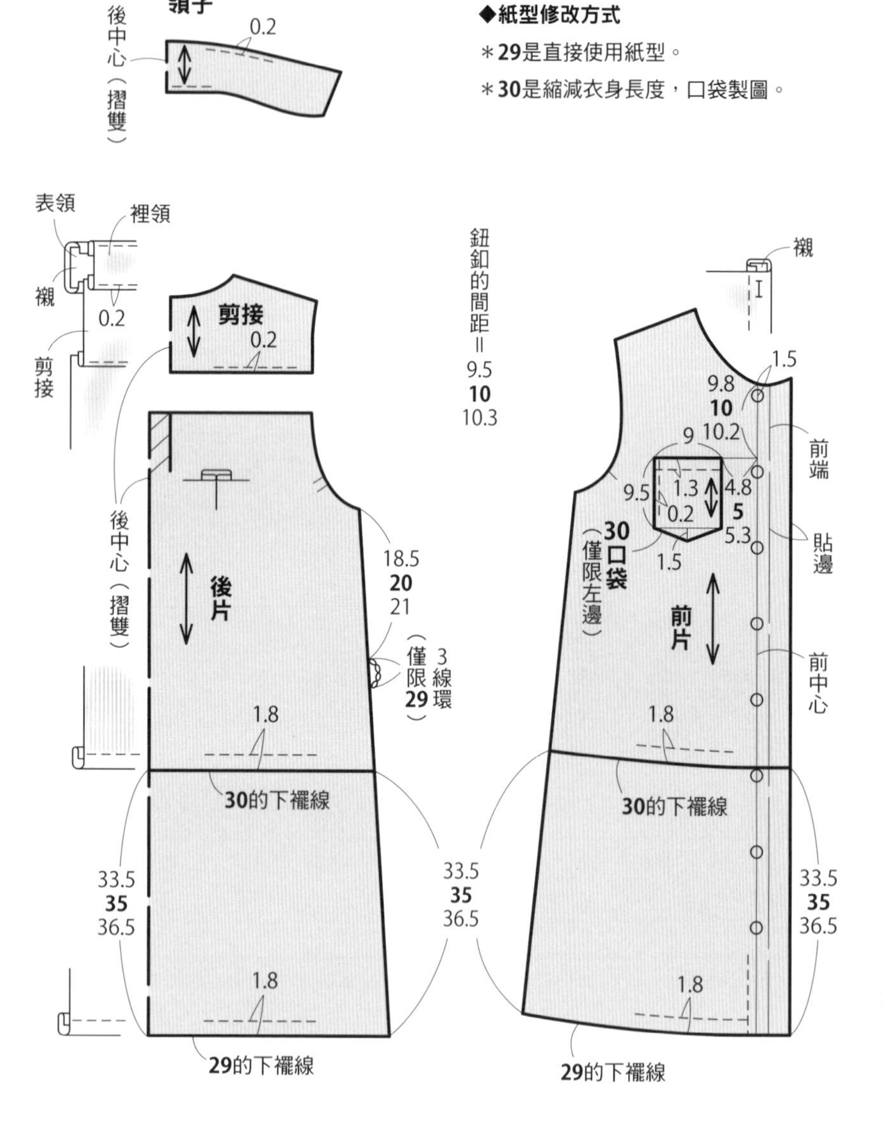

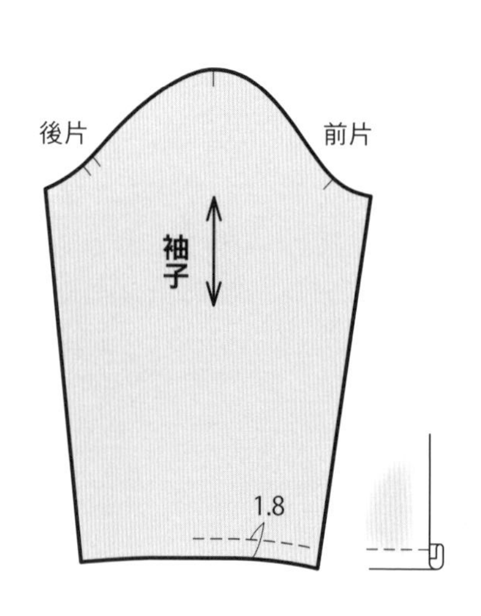

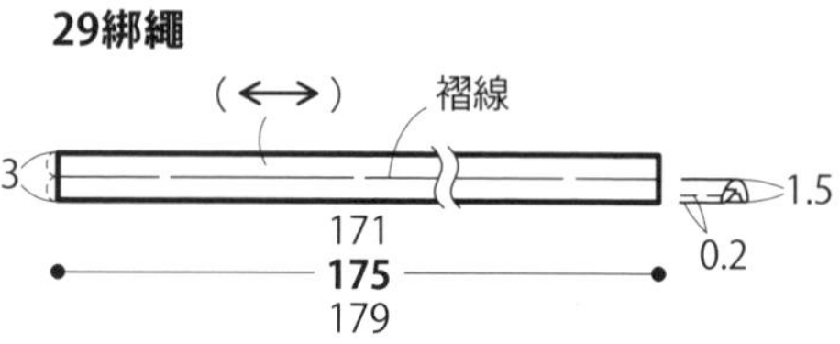

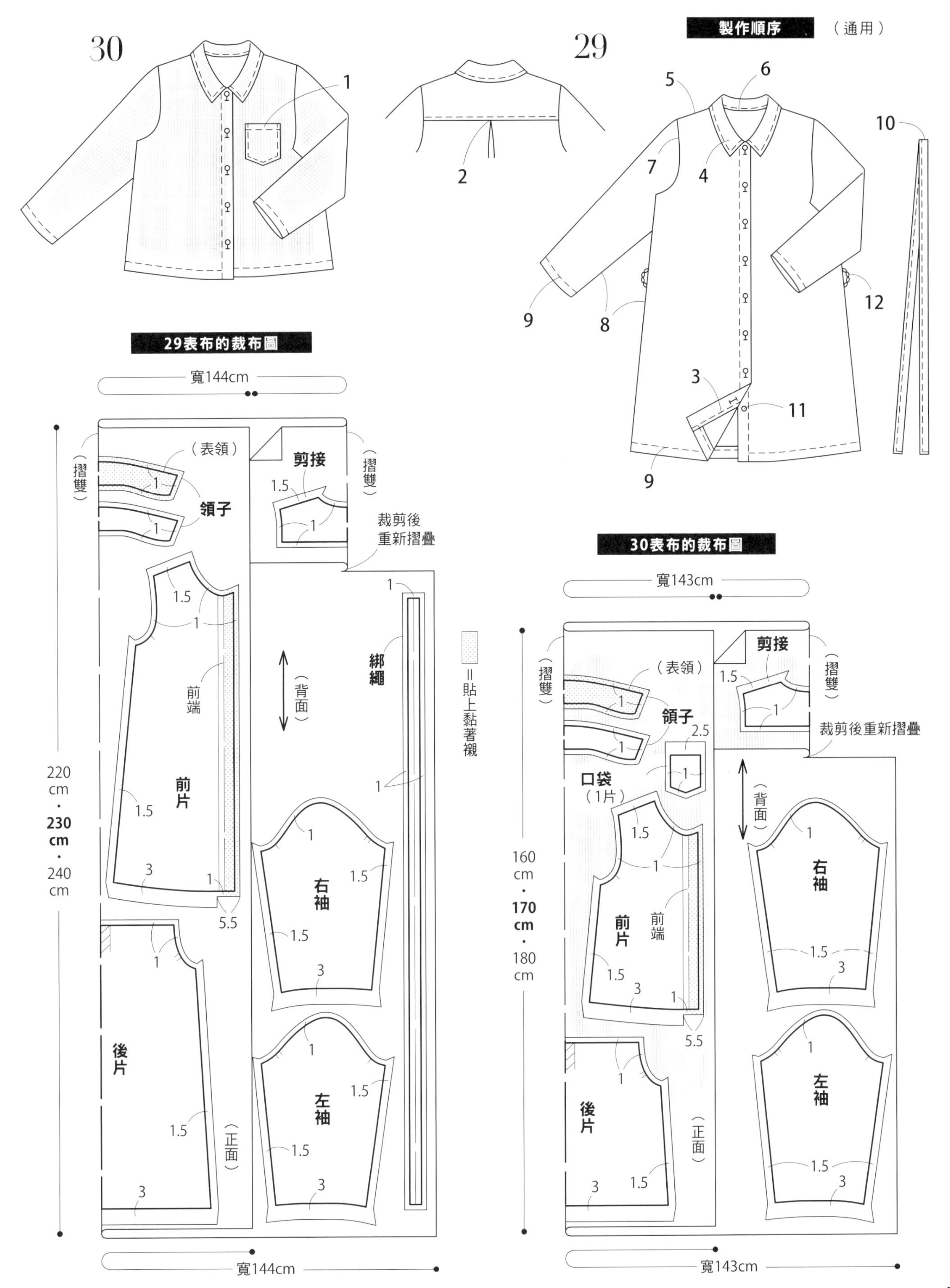
30
1
2
29
製作順序
（通用）
5
6
7
4
10
9
8
12
3
11
9
29表布的裁布圖
寬144cm
（表領）
摺雙
領子
剪接
1.5
1
裁剪後
重新摺疊
前端
前片
背面
綁繩
=貼上黏著襯
220 cm・230 cm・240 cm
3
5.5
右袖
左袖
後片
正面
30表布的裁布圖
寬143cm
裁剪後重新摺疊
口袋（1片）
2.5
160 cm・170 cm・180 cm

作法

◆前置作業◆①貼上黏著襯（表領・貼邊）　②於裁切端進行Z字形車縫（肩線・脇線・袖下線）

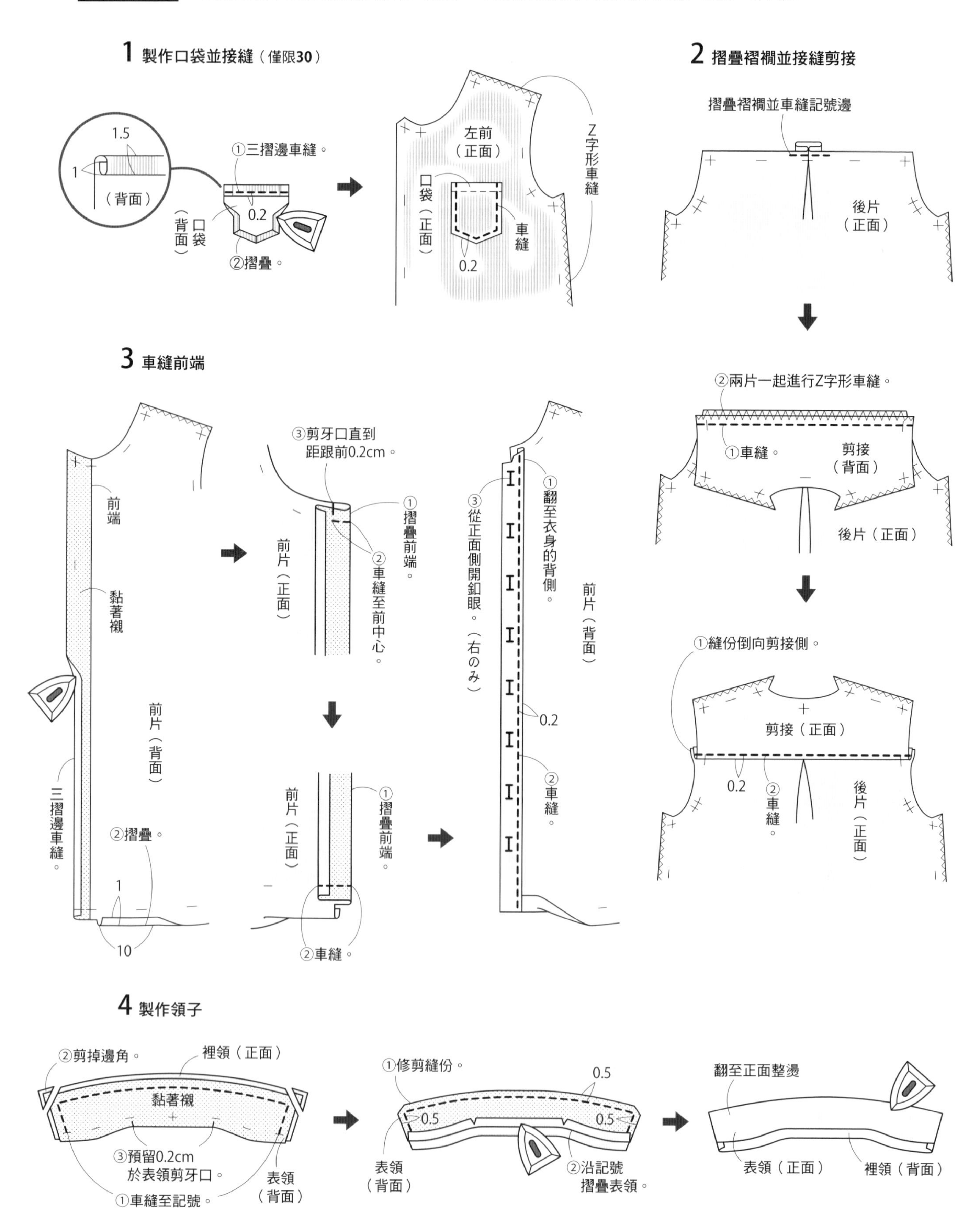

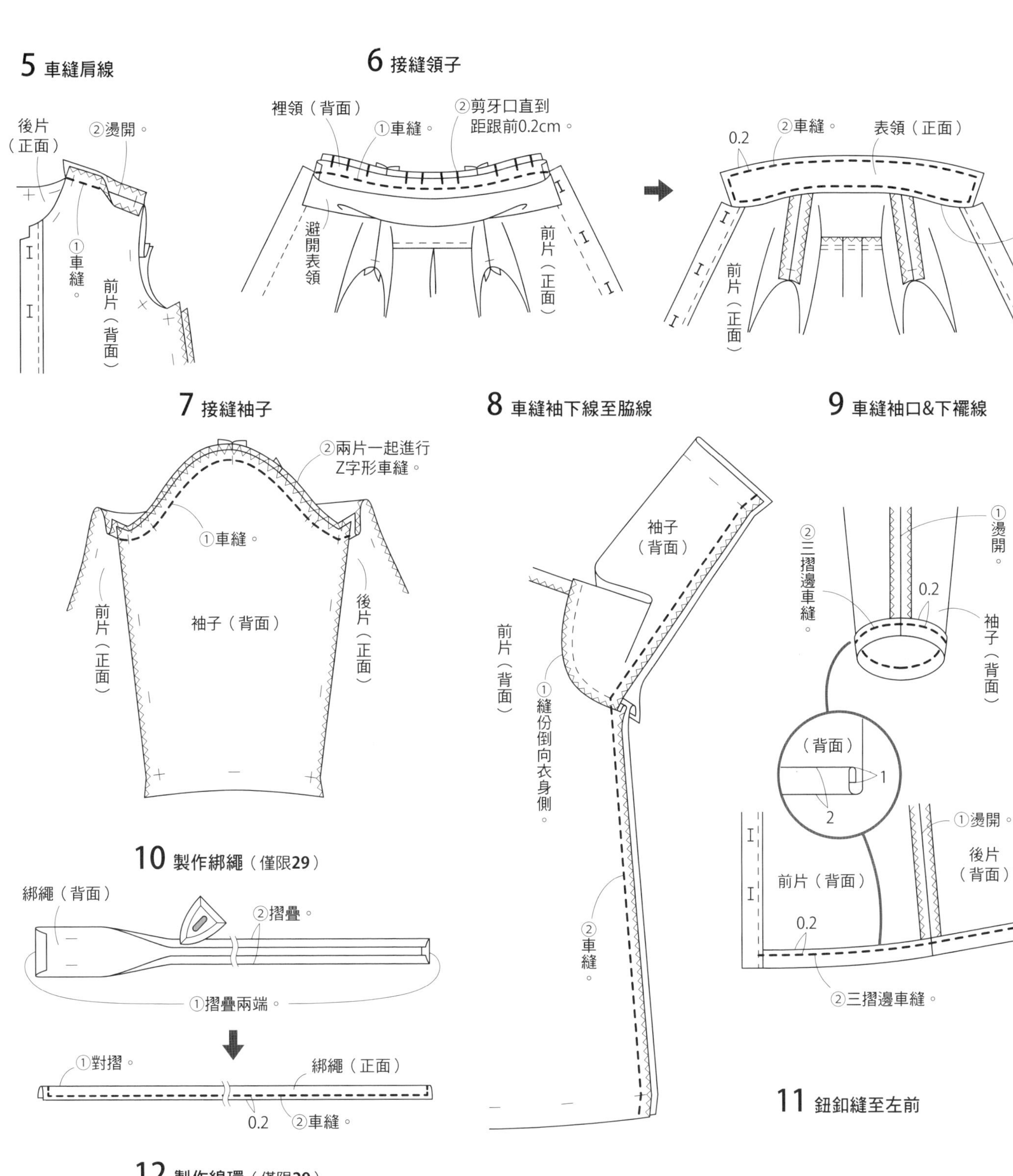
5 車縫肩線
後片（正面）
②燙開。
①車縫。
前片（背面）
6 接縫領子
裡領（背面）
①車縫。
②剪牙口直到距跟前0.2cm。
避開表領
前片（正面）
0.2
②車縫。
表領（正面）
①將縫份放進領子內。
前片（正面）
7 接縫袖子
②兩片一起進行Z字形車縫。
①車縫。
前片（正面）
袖子（背面）
後片（正面）
8 車縫袖下線至脇線
袖子（背面）
前片（背面）
①縫份倒向衣身側。
②車縫。
9 車縫袖口&下襬線
②三摺邊車縫。
①燙開。
0.2
袖子（背面）
（背面）
1
2
①燙開。
後片（背面）
前片（背面）
0.2
②三摺邊車縫。
10 製作綁繩（僅限29）
綁繩（背面）
②摺疊。
①摺疊兩端。
①對摺。
綁繩（正面）
0.2
②車縫。
11 鈕釦縫至左前

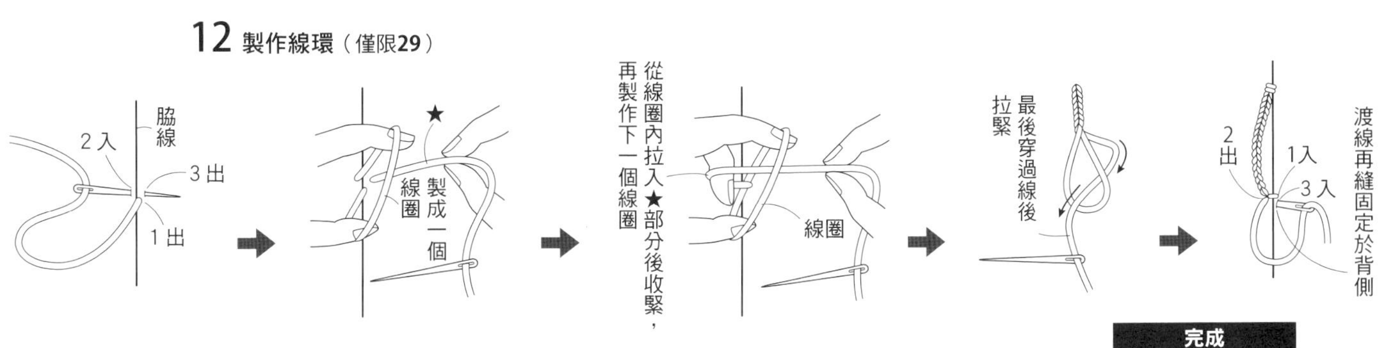
12 製作線環（僅限29）
脇線
2入
3出
1出
★
製成一個線圈
從線圈內拉入★部分後收緊，再製作下一個線圈
線圈
最後穿過線後拉緊
2出
1入
3入
渡線再縫固定於背側
完成

P.28 27　　P.29 28

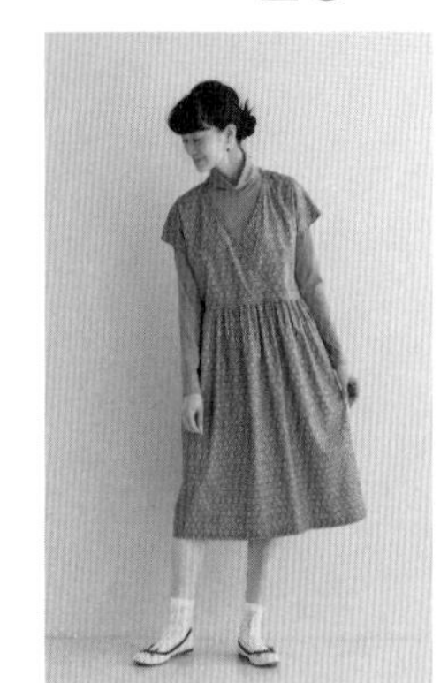

材料　　　　　　　　　尺寸		S	M	L
27表布（6盎司丹寧布）	寬112cm	290cm	300m	310cm
28表布（棉嫘縈混紡viyella）	寬102cm	290cm	300m	310cm
完成尺寸	總長	101cm	106cm	110cm

關於紙型

◆**原寸紙型：**使用B面**J**。

◆**使用部件：**前／後片

＊裙子、抽繩、襠布、斜紋布條為直線縫，直接在布上作記號後裁剪。

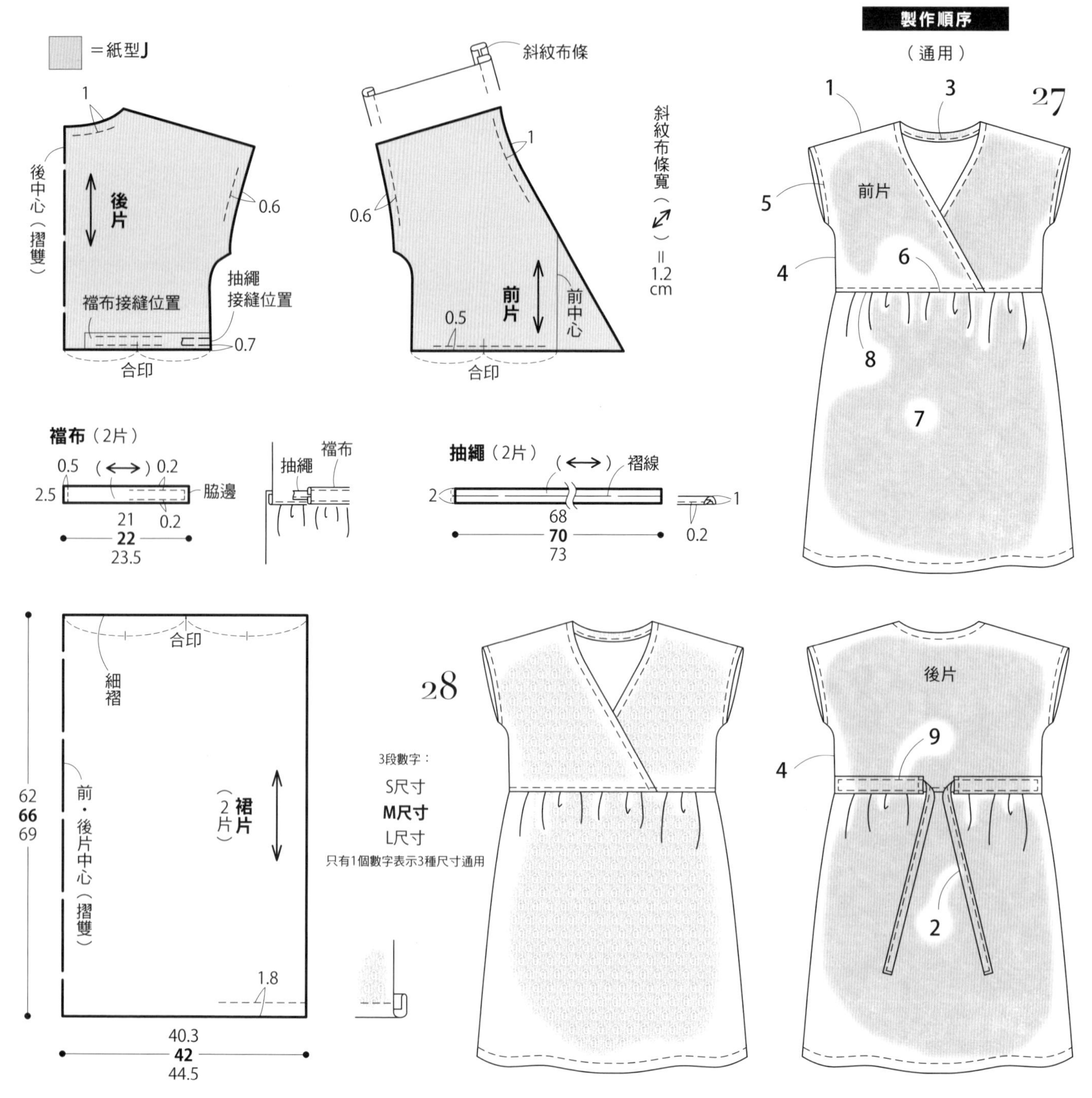

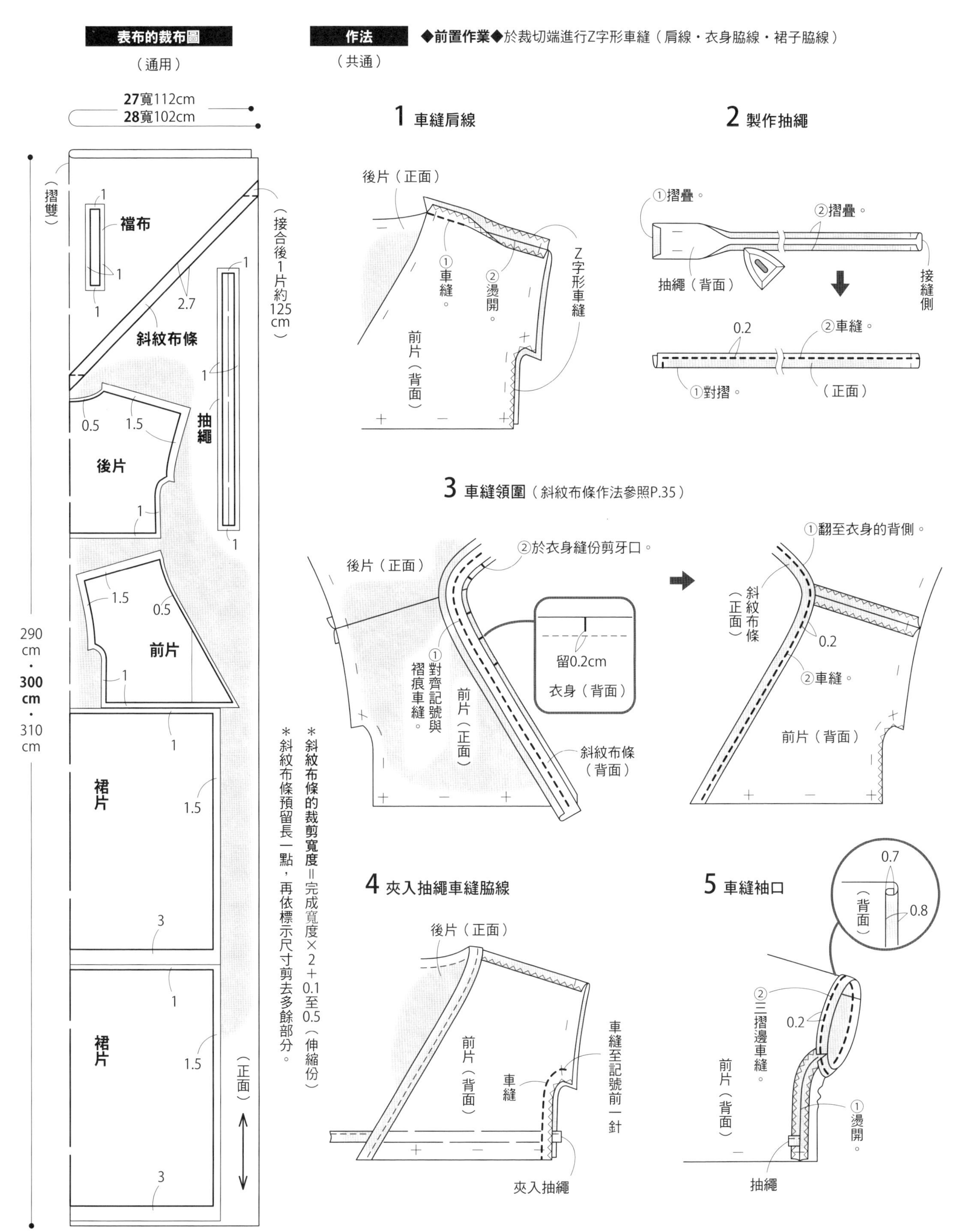

表布的裁布圖
（通用）
27寬112cm
28寬102cm
摺雙
襠布
斜紋布條
接合後1片約125cm
抽繩
後片
前片
裙片
裙片
290cm・300cm・310cm
（正面）
＊斜紋布條的裁剪寬度＝完成寬度×2＋0.1至0.5（伸縮份）
＊斜紋布條預留長一點，再依標示尺寸剪去多餘部分。
作法
（共通）
◆前置作業◆於裁切端進行Z字形車縫（肩線・衣身脇線・裙子脇線）
1 車縫肩線
後片（正面）
①車縫。
②燙開。
Z字形車縫
前片（背面）
2 製作抽繩
①摺疊。
②摺疊。
抽繩（背面）
接縫側
②車縫。
①對摺。
（正面）
3 車縫領圍（斜紋布條作法參照P.35）
後片（正面）
②於衣身縫份剪牙口。
①對齊記號與褶痕車縫。
前片（正面）
留0.2cm
衣身（背面）
斜紋布條（背面）
①翻至衣身的背側。
斜紋布條（正面）
②車縫。
前片（背面）
4 夾入抽繩車縫脇線
後片（正面）
前片（背面）
車縫
車縫至記號前一針
夾入抽繩
5 車縫袖口
（背面）
②三摺邊車縫。
前片（背面）
①燙開。
抽繩

6 右衣身與左衣身車縫固定

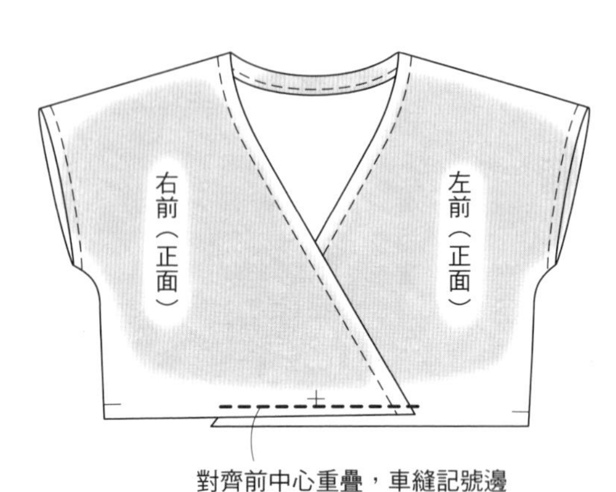

7 製作裙片

8 車縫剪接線

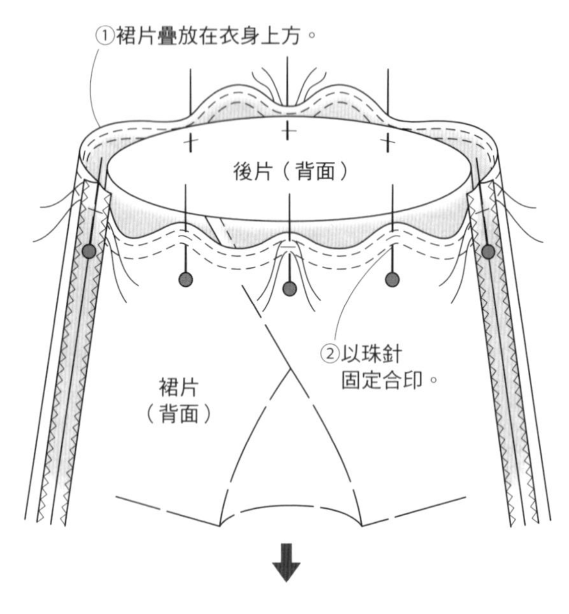

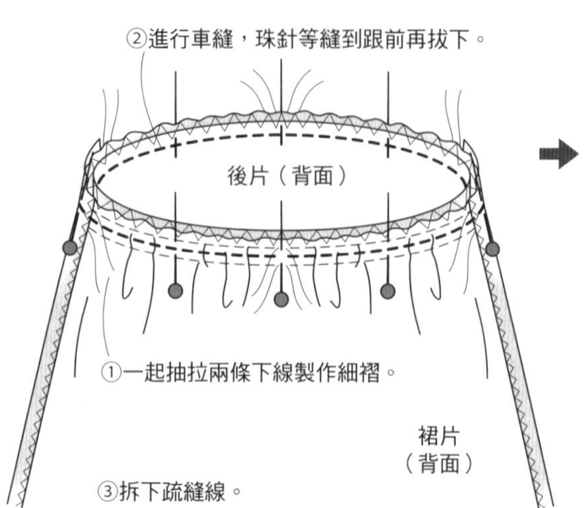

9 製作襠布並接縫

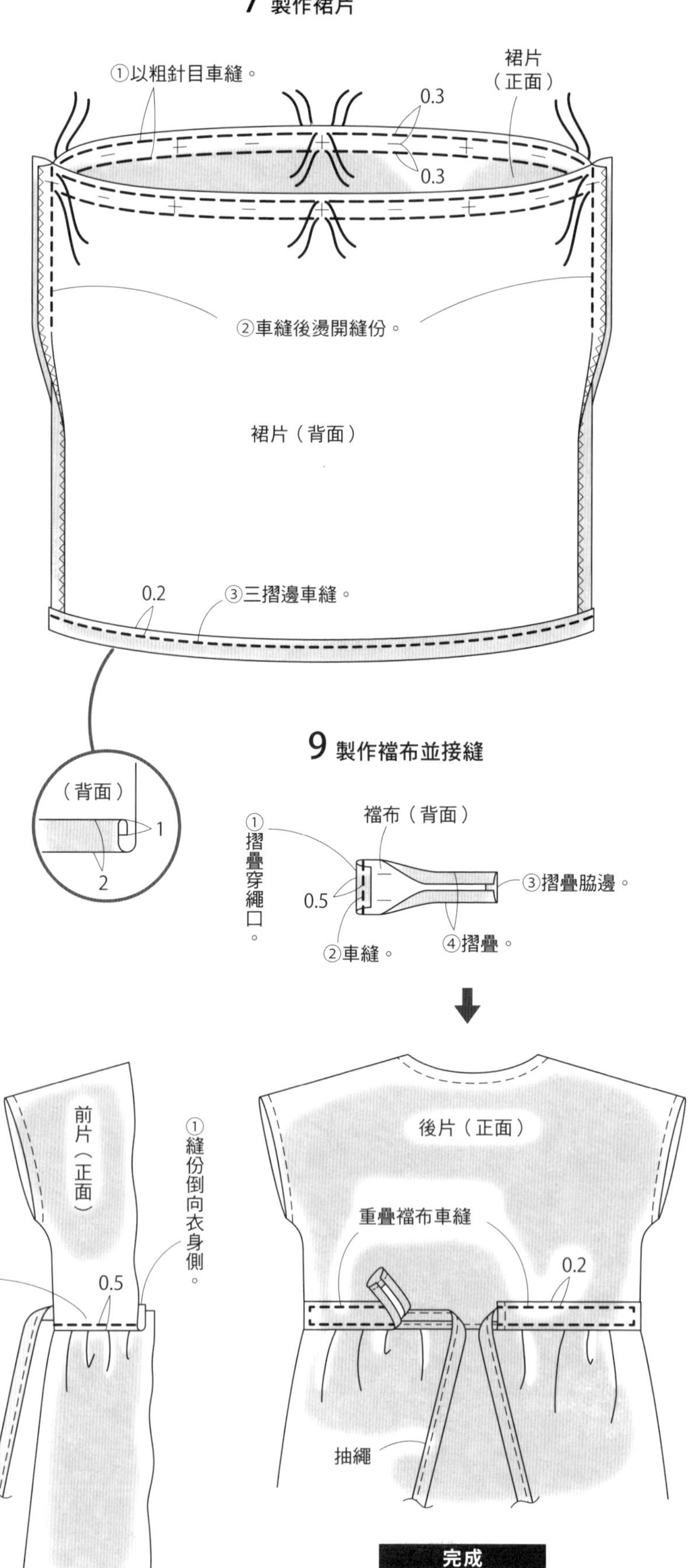

Sewing 縫紉家 30

一款紙型 100%活用 & 365 天穿不膩！

快樂裁縫我的百搭款手作服

全書收錄 11 種版型 ×30 種變化款衣・裙・褲

授　　權／ Boutique-sha
譯　　者／瞿中蓮
發 行 人／詹慶和
總 編 輯／蔡麗玲
執行編輯／劉蕙寧
編　　輯／蔡毓玲・黃璟安・陳姿伶・李宛真
封面設計／周盈汝
美術編輯／陳麗娜・韓欣恬
內頁排版／造極
出 版 者／雅書堂文化事業有限公司
發 行 者／雅書堂文化事業有限公司
郵撥帳號／ 18225950 戶名：雅書堂文化事業有限公司
地　　址／新北市板橋區板新路 206 號 3 樓
電　　話／ (02)8952-4078
傳　　真／ (02)8952-4084
網　　址／ www.elegantbooks.com.tw
電子郵件／ elegant.books@msa.hinet.net

2018 年 6 月初版一刷　定價 420 元

Lady Boutique Series No.4261
NENJU KIRARERU SIMPLE WEAR

Original Japanese edition published in Japan by BOUTIQUE-SHA.
Chinese (in complex character) translation rights arranged with BOUTIQUE-SHA
through Keio Cultural Enterprise Co., Ltd., New Taipei City, Taiwan

經銷／易可數位行銷股份有限公司
地址／新北市新店區寶橋路 235 巷 6 弄 3 號 5 樓
電話／ (02)8911-0825
傳真／ (02)8911-0801

國家圖書館出版品預行編目 (CIP) 資料

一款紙型 100%活用 & 365 天穿不膩！快樂裁縫我的百搭款手作服——全書收錄 11 種版型 ×30 種變化款衣・裙・褲 / Boutique-sha 授權；瞿中蓮譯. -- 初版. – 新北市：雅書堂文化，2018.6
　面；　公分. -- (Sewing 縫紉家；30)
ISBN 978-986-302-437-8（平裝）
1. 縫紉 2. 女裝 3. 手工藝

426.3　　107008308

縫紉家 Sewing

Happy Sewing
快樂裁縫師

Sewing 縫紉家

SEWING縫紉家01
全圖解裁縫聖經
授權：BOUTIQUE-SHA
定價：1200元
21×26cm・626頁・雙色

SEWING縫紉家02
手作服基礎班：
畫紙型&裁布技巧book
作者：水野佳子
定價：350元
19×26cm・96頁・彩色

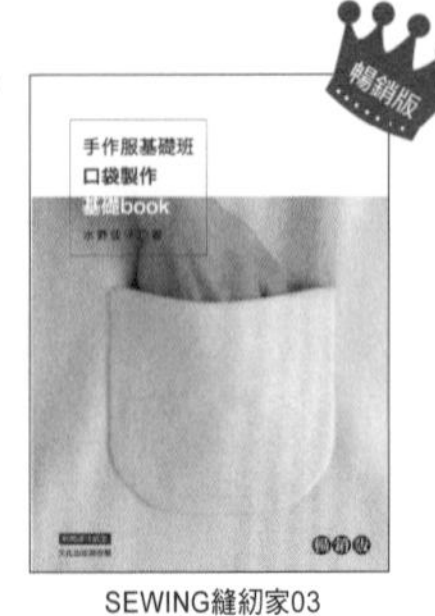

SEWING縫紉家03
手作服基礎班：
口袋製作基礎book
作者：水野佳子
定價：320元
19×26cm・72頁・彩色+單色

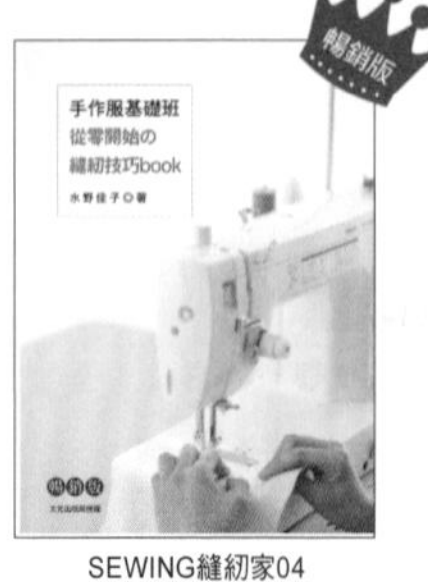

SEWING縫紉家04
手作服基礎班：
從零開始的縫紉技巧book
作者：水野佳子
定價：380元
19×26cm・132頁・彩色+單色

SEWING縫紉家05
手作達人縫紉筆記：
手作服這樣作就對了
作者：月居良子
定價：380元
19×26cm・96頁・彩色+單色

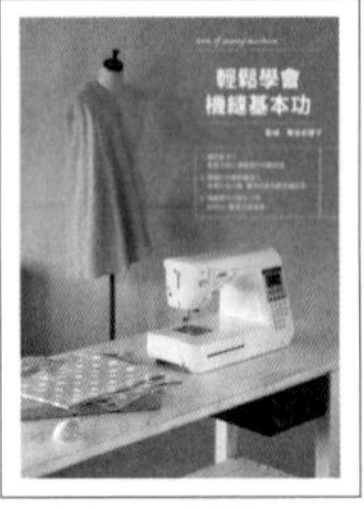

SEWING縫紉家06
輕鬆學會機縫基本功
作者：栗田佐穗子
定價：380元
21×26cm・128頁・彩色+單色

SEWING縫紉家07
Coser必看の
CosPlay手作服×道具製作術
授權：日本ヴォーグ社
定價：480元
21×29.7cm・96頁・彩色+單色

SEWING縫紉家08
實穿好搭の
自然風洋裝&長版衫
作者：佐藤 ゆうこ
定價：320元
21×26cm・80頁・彩色+單色

SEWING縫紉家09
365日都百搭！穿出線條の
may me 自然風手作服
作者：伊藤みちよ
定價：350元
21×26cm・80頁・彩色+單色

SEWING縫紉家10
親手作の
簡單優雅款白紗&晚禮服
授權：Boutique-sha
定價：580元
21×26cm・88頁・彩色+單色

SEWING縫紉家11
休閒&聚會都ok！穿出style
のMay Me大人風手作服
作者：伊藤みちよ
定價：350元
21×26cm・80頁・彩色+單色

SEWING縫紉家12
Coser必看の
CosPlay手作服×道具製作術2：
華麗進階款
授權：日本ヴォーグ社
定價：550元
21×29.7cm・106頁・彩色+單色

SEWING縫紉家13
外出+居家都實穿の
洋裝&長版上衣
授權：Boutique-sha
定價：350元
21×26cm・80頁・彩色+單色

SEWING縫紉家14
I LOVE LIBERTY PRINT
英倫風の手作服&布小物
授權：實業之日本社
定價：380元
22×28cm・104頁・彩色

SEWING縫紉家15
Cosplay超完美製衣術・
COS服的基礎手作
授權：日本ヴォーグ社
定價：480元
21×29.7cm・90頁・彩色+單色

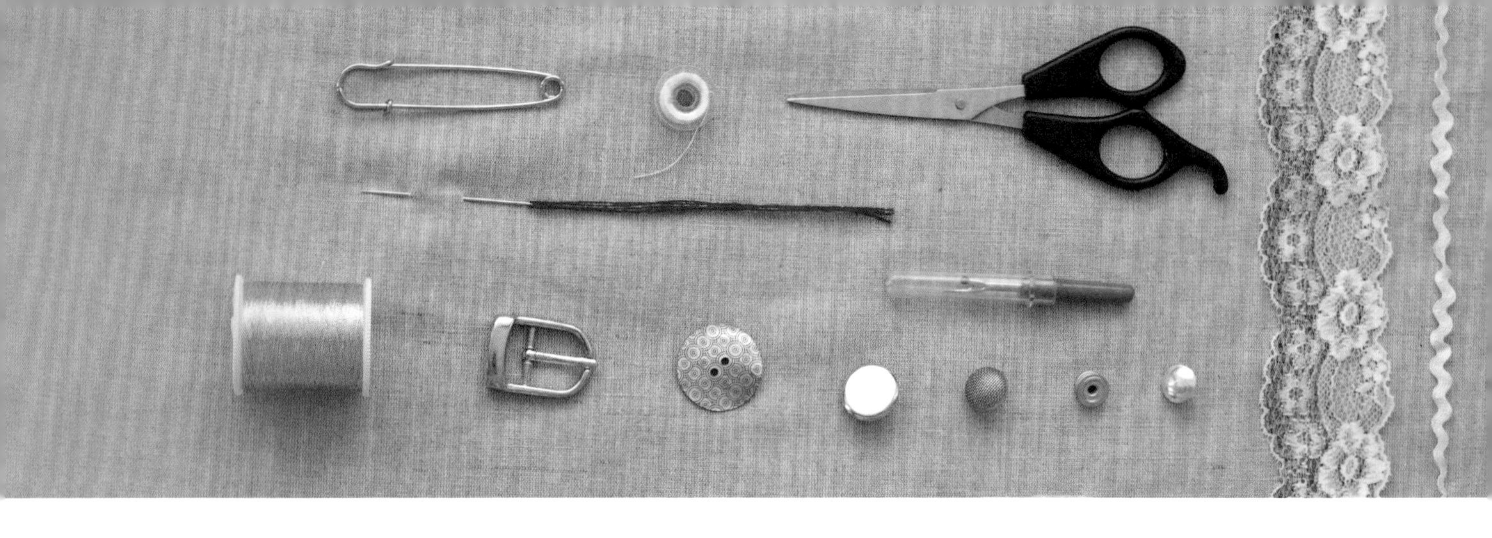

SEWING縫紉家16
自然風女子的日常手作衣著
作者：美濃羽まゆみ
定價：380元
21×26 cm · 80頁 · 彩色

SEWING縫紉家17
無拉鍊設計的一日縫紉：
簡單有型的鬆緊帶褲&裙
授權：BOUTIQUE-SHA
定價：350元
21×26 cm · 80頁 · 彩色

SEWING縫紉家18
Coser的手作服華麗挑戰：
自己作的COS服×道具
授權：日本Vogue社
定價：480元
21×29.7 cm · 104頁 · 彩色

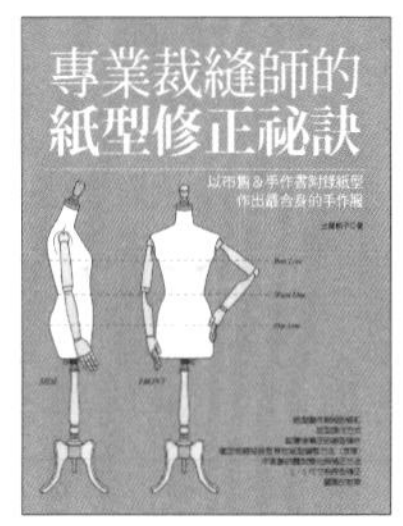

SEWING縫紉家19
專業裁縫師的紙型修正祕訣
作者：土屋郁子
定價：580元
21×26 cm · 152頁 · 雙色

SEWING縫紉家20
自然簡約派的
大人女子手作服
作者：伊藤みちよ
定價：380元
21×26 cm · 80頁 · 彩色+單色

SEWING縫紉家21
在家自學
縫紉的基礎教科書
作者：伊藤みちよ
定價：450元
19 × 26 cm · 112頁 · 彩色

SEWING縫紉家22
簡單穿就好看！
大人女子の生活感製衣書
作者：伊藤みちよ
定價：380元
21 × 26 cm · 80頁 · 彩色

SEWING縫紉家23
自己縫製的大人時尚・
29件簡約俐落手作服
作者：月居良子
定價：380元
21 × 26 cm · 80頁 · 彩色

SEWING縫紉家24
素材美&個性美・
穿上就有型的亞麻感手作服
作者：大橋利枝子
定價：420元
19 × 26cm · 96頁 · 彩色

SEWING縫紉家25
女子裁縫師的日常穿搭
授權：BOUTIQUE-SHA
定價：380元
19 × 26cm · 88頁 · 彩色

快樂裁縫
我的百搭款手作服